三池炭鉱写真誌
地底《じぞこ》の声

高木尚雄
Takaki Hisao

弦書房

装丁　毛利一枝

目次

はじめに　9
三池港　13
地底の声　17
坑口とその周辺　18
坑内労働　44
〈採炭現場〉46
〈掘進現場〉83
〈移動と休息〉97
設備と用具　108
炭掘る仲間　136
石炭列車　143

社宅の暮らし……149
炭鉱社宅 150
金受け 173
運動会 176
映画ロケ 181
山の神さま……185
*
三井三池炭鉱史……191
炭鉱用語……245
おわりに 260

三井三池鉱の坑口と社宅

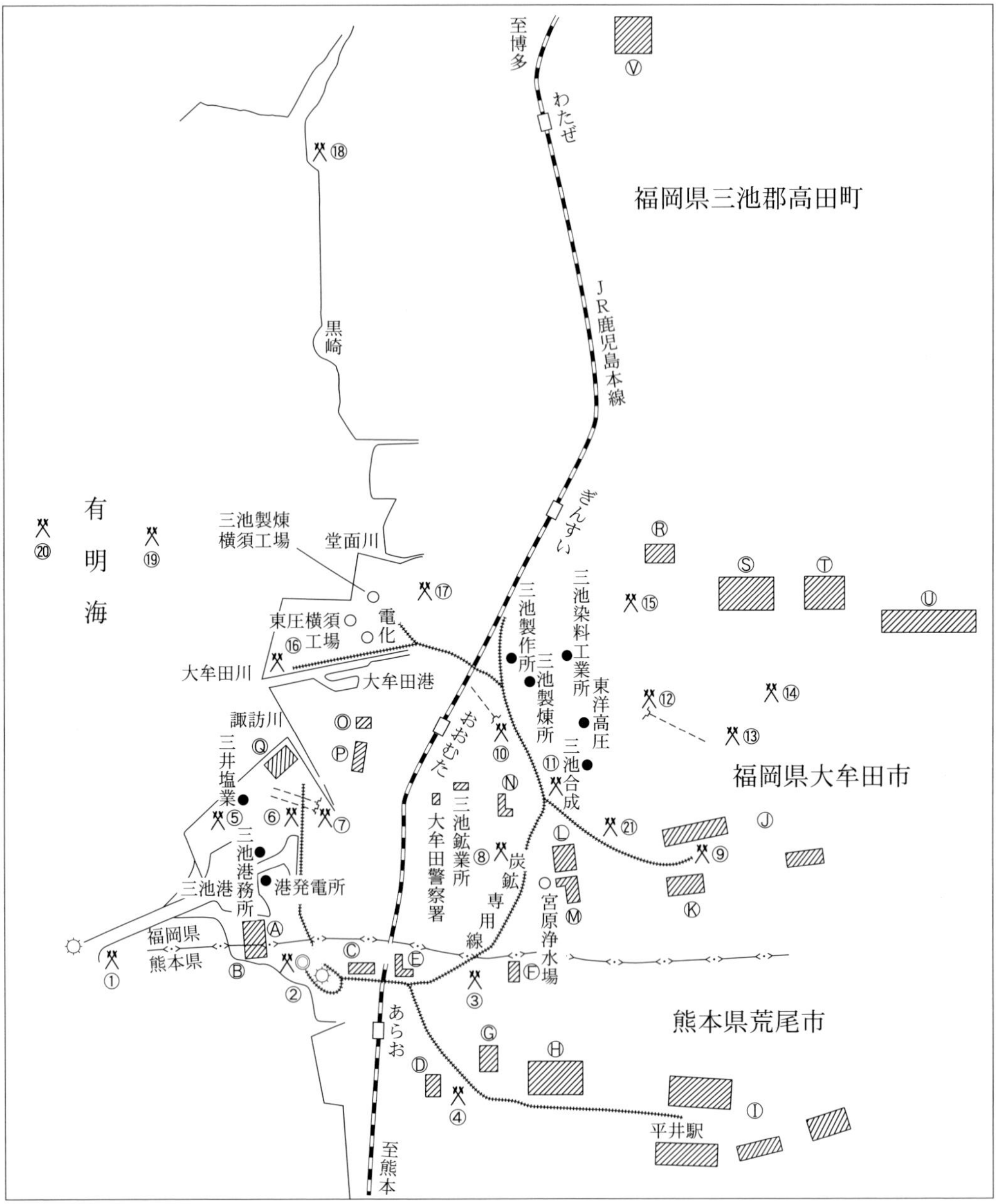

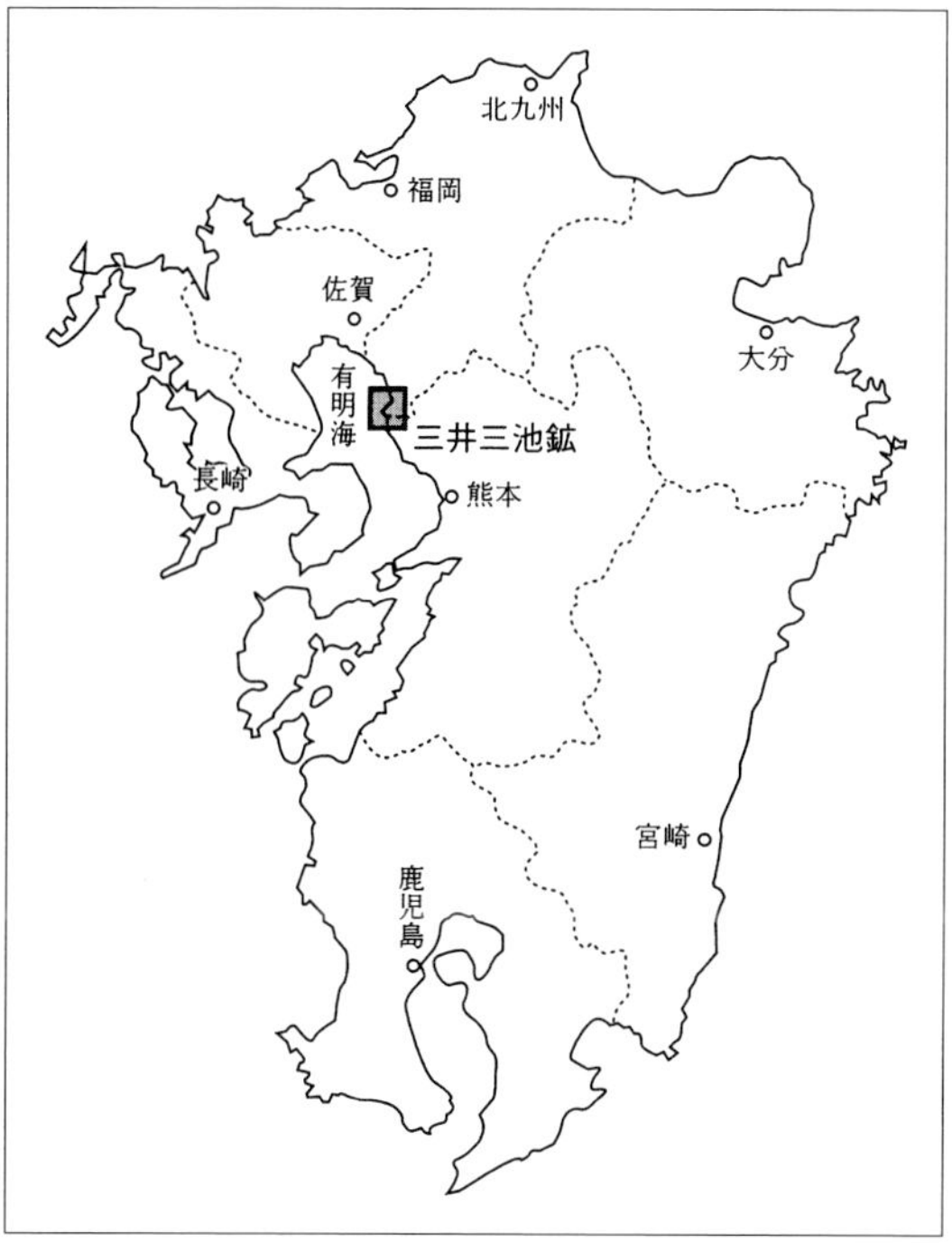

四角内の拡大図を右頁に示した。

〔坑口名〕

（番号は前頁地図中のもの）

①港沖四山坑
②四山坑
③万田坑
④岩原坑
⑤新港竪坑
⑥港排気竪坑
⑦三川坑
⑧宮原坑
⑨勝立坑
⑩宮浦坑
⑪七浦坑
⑫大浦坑
⑬龍湖瀬坑
⑭大谷坑
⑮稲荷坑
⑯南新開竪坑
⑰横須竪坑
⑱有明坑
⑲初島竪坑
⑳三池島
㉑早鐘坑

〔社宅名〕

（アルファベットは前頁地図中のもの）

Ⓐ四山社宅
Ⓑ大島社宅
Ⓒ西原社宅
Ⓓ大平社宅
Ⓔ原万田社宅
Ⓕ万田社宅
Ⓖ宮内社宅
Ⓗ大谷社宅
Ⓘ緑丘社宅
Ⓙ勝立社宅
Ⓚ馬渡社宅
Ⓛ臼井社宅
Ⓜ野添社宅
Ⓝ宮原社宅
Ⓞ小浜北社宅
Ⓟ小浜南社宅
Ⓠ新港社宅
Ⓡ長溝社宅
Ⓢ七夕社宅
Ⓣ田崎社宅
Ⓤ尻永社宅
Ⓥ原社宅

地底の声　三池炭鉱写真誌

はじめに

三池とは、県境をはさんだ石炭の町（福岡県大牟田市・福岡県三池郡高田町・熊本県荒尾市）であり、シンボルマークでもありました。三池炭鉱が発見されて五〇〇年。自由採掘時代、藩営時代、官営移管、三井払下げと本格採炭が始まってから一〇八年間続きました。栄光、衰退、争議、災害。スミ（石炭）と人の織りなすドラマがありました。戦争中から終戦後まで「産業戦士」として讃えられ、日曜も返上してスミを掘り続けたのです。

日本の近代化、戦後の復興をエネルギー面で支えた三池炭鉱はエネルギー革命の前に刀折れ矢尽き、三池のヤマはひっそりと老残の生涯を閉じました。

大牟田市、荒尾市の町々は、一〇〇年間も石炭を掘り続けた縦横無尽の坑道や切羽の上にあります。炭塵を浴びた素朴で逞しいヤマの男たち。この人たちはすべてアラシの中に消え去ってしまいました。

鉱脈は生きています。三池炭田には、まだまだ莫大な資源が有明海の海底に眠っています。石炭の推定埋蔵量一〇億トン、確定埋蔵量四億トン、という数字があります。自分の足の下に眠っている宝の山を忘れてはなりません。

三池炭鉱の社宅は昭和四六年（一九七一）五月末で九六四五戸ありましたが、全部解体されて一戸も残っておりません。社宅の生活はみんなが家族みたいな生活であり、よその子供も自分の子供のようにかわいがっていました。向こう三軒両隣りで仲良く生活していました。垣根もなく、話し声が聞こえる所で人情豊かな人たちとの心の触れ合いは絶対忘れることはないと思います。社宅に住んでいた人たちは、父も母もここで死に、社宅を墳墓の地にしていた人もいました。

ご承知のとおり大牟田市は文明元年（一四六九）、傳治左衛門の石炭発見とその需要増大によって人が集まり、集落ができ、港ができ、やがて村は町に発展、さらにその膨張は近隣市町村の併合をもたらして現在をなしたのであります。

荒尾市も、明治三五年（一九〇二）に万田坑が開坑されて人口が増大しました。それは軍需工場の誘致を導き、昭和一七年（一九四二）五カ町村の合併を実現させて現在の市になりました。

たしかに、大牟田市も荒尾市もずっとその昔は自然に満ち溢れ、草花や清く澄んだ水があり、きれいな海があったに違いありません。しかし、大牟田市、荒尾市ともに、そもそも石炭が出なければこの発展は見なかったでしょう。大牟田市、荒尾市に生まれ、育った者にとって、朝な夕な永い年月仰ぎ見、親しんできたふるさとの炭鉱。またその炭鉱に縁があって勤務をしたり、直接炭鉱勤めでなくとも、関連産業あるいは何らかのかかわり合いがあった者はもちろん、全く石炭やその恩恵を受けなかった人々も、ただそこに住んだというだけで、三池炭鉱はわが郷里のシンボルとして思い出の最たるものの一つとなっていることでしょう。

滔々たる物質文明の流れの中で消失した三池炭鉱の歴史は、そのまま大牟田市、荒尾市生成の歴史でもあります。ヤマ（炭鉱）の歴史の保存に努力することは、生死を賭して働いた幾多の先人や同僚たちの鎮魂のうたでもありましょう。

三池炭鉱がまだ黒ダイヤ景気にわいていたころの民謡を紹介します。

できることならヤマの神様よ
ケガや災難吹き飛ばすような風を

吹かせたまえとわしゃたのむ
よいこらしょう、よいこらしょう
三池三池とその名も高い
ヤマにゃ石炭、町には工場
港々に船がつく

古きものが消えて行くことは流転の真理とはいえ、幸いに万田坑と宮原坑が国の重要文化財・史跡に指定されております。貴重な文化遺産として活用してもらいたいと思います。

わが国からすべての炭鉱が姿を消し、かつてこの地下より科学の粋を集め数億トンの石炭が採掘され、日本経済の一翼を担った日本一の大炭鉱があったという事も過去の物語となり、三池炭鉱の名前さえ時代と共に忘れられることと思われます。三井鉱山のおかげで地元はいままで発展して来ました。その感謝の気持を忘れてはならないと思います。

私は、三池炭鉱の写真を昭和三〇年（一九五五）頃より撮り続けて来ました。藩営時代の坑口、明治時代に建てられた社宅、囚人墓地、ボタ捨て場の変遷、坑内の採炭現場、掘進現場など。特に坑内労働の撮影は命がけでした。会社の仕事ではなかったので、ケガをしても「労災保険・健康保険」は使用されませんでした。

この三池炭鉱写真誌が炭鉱の記憶を風化させぬための証左になれば幸いに思います。

＊「鉱」と「坑」の表記について――三井三池炭鉱では、操業中は「鉱」（万田鉱など）で表記し、閉鉱後は「坑」（万田坑など）で表記した。本書ではこれにならって表記を区別した。なお、坑口の名称は「坑」を用いている。

三池港

▼3

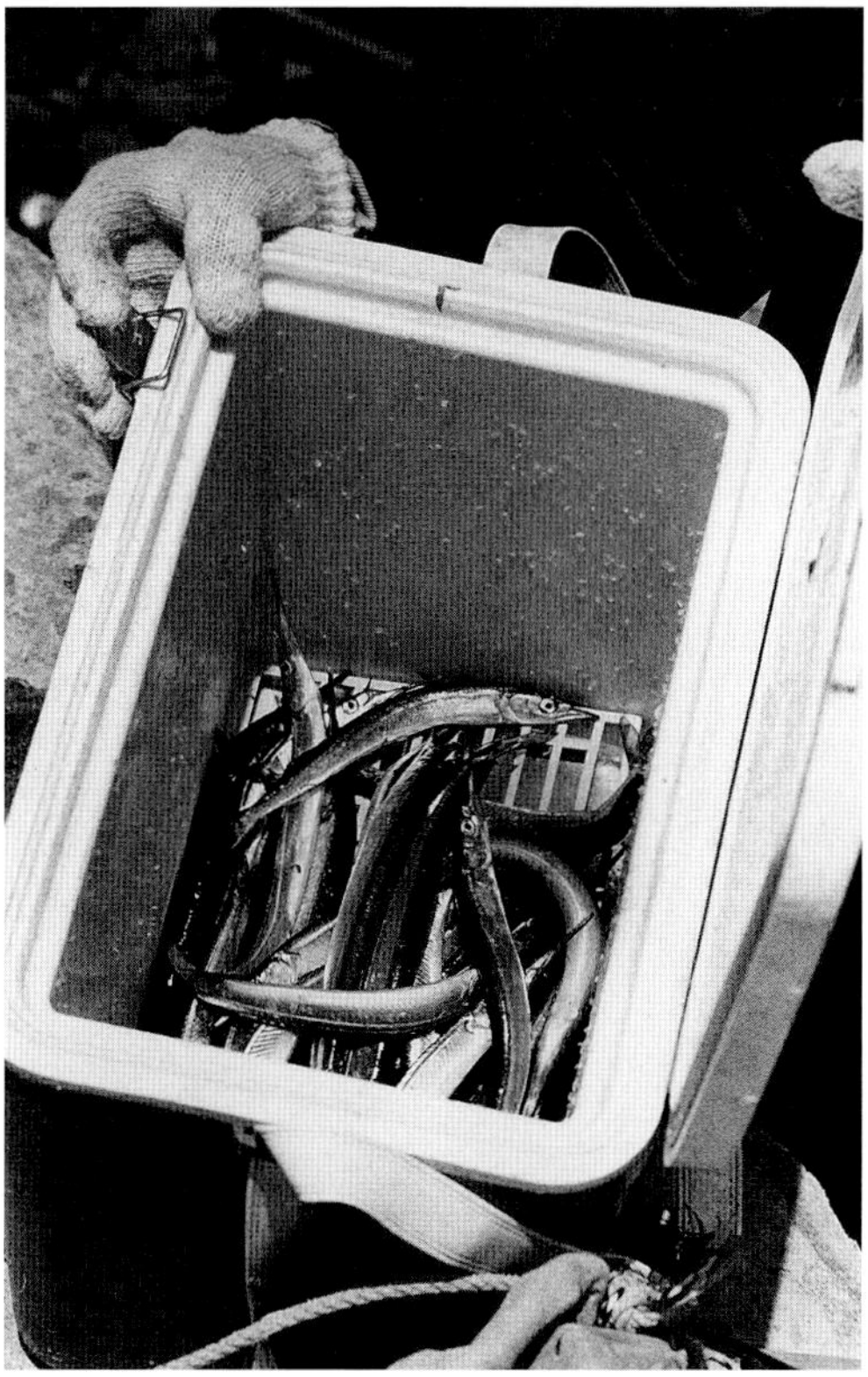

▲4

3・4　サヨリすくい。三池港航路。昭和56年5月19日

1（前頁上）　大潮の日の航路。石炭船が出航している。堤防には魚釣りの人たちが来ていた。昭和49年9月16日

2（前頁下）　干潮時には投網もできる。昭和48年8月28日大潮の日

▼5

5　タイラギ漁船。真ちゅう製のヘルメットに80キロの重りを付けた潜水服を着て水深15メートルの海底でタイラギを捕る。三池港航路。昭和57年12月30日

地底の声

坑口とその周辺

6　万田坑二坑櫓と捲室。平成13年３月18日

7　万田鉱の煙突。身のたけもあろうか。ススキに似た雑草が一面においしげり、真昼というのにシーンと静まり返っていた。荒尾市の万田坑跡。入坑している作業員のフロたき用と近くの万田分院に蒸気を送るために、ボイラーのエントツだけが、せっせとどす黒い煙をはきつづけていた。昭和46年２月15日

8　万田坑二坑櫓。荒尾市原万田。平成３年11月10日

▼6

▼7

▼8

▼9

9　万田坑二坑口。荒尾市原万田。平成３年11月10日

▼10

10　万田坑二坑口。〔坑口形状〕矩形4.47m×8.53m　深さ268.22m〔開削（着手）年月日〕明治31年（1898）８月24日〔着炭年月日〕明治37年（1904）２月26日〔機能〕作業員の入昇坑、坑内機械の搬入・排出、排気、揚水〔搭載人員〕25人（2000kg）
ケージ（エレベーター）の屋根が見えている。平成３年11月10日

11・12　万田坑二坑櫓捲室のドラム（11＝卸側、12＝昇側）。平成３年５月21日

13　万田坑汽缶場の煙突。煙突の手前が汽缶場の建物、先の屋根は万田売店。昭和46年１月３日

14　万田坑二坑櫓と汽缶場の煙突。昭和46年１月３日

▼11

▼12

▶
13

▶
14

▼15

15　万田坑二坑。昭和46年１月３日

16　門柱の外灯。万田坑正門。昭和55年７月22日

17（次頁）　宮原坑二坑竪坑櫓。大牟田市宮原町。昭和46年11月26日

▲16

▼19

18　宮原坑二坑竪坑櫓。大牟田市宮原町。昭和46年11月26日

19　宮原坑二坑竪坑櫓。大牟田市宮原町。昭和46年11月26日

20　宮原坑二坑竪坑櫓と捲室。大牟田市宮原町。昭和46年11月26日

▼20

▲21

▼22

21・22　宮原坑。大牟田市宮原町。昭和46年11月26日

◀
23

23　貯炭場（石炭の山）。雨や風に浸食されて深い溝ができている。三池港務所。昭和41年11月12日

24（次頁）　三川鉱一坑口。揚炭と資材搬入・搬出に使われていた。右側が揚炭ベルト。左側が資材搬入・搬出用の炭函。大牟田市西港町。昭和43年10月 6 日

三川坑

25（上）　三川鉱第一斜坑。斜坑の中から坑口側を写す。左側は送炭ベルト。
大牟田市西港町。昭和44年７月14日

26（次頁）　三川鉱二坑口。人員の入昇坑と資材の搬入・搬出に使われていた。
大牟田市西港町。昭和43年10月６日

あなたの無事な笑顔
家族が待っています
入坑口
ご安全に 人車の飛乗り飛降りやめましょう

▼27

▲28

27・28　三川鉱ホッパー（貯炭槽）。昭和35年の三池争議のとき、ホッパーは三井鉱山と三池労組のホッパー攻防で天下分け目の天王山であった。歴史を証言する貴重な建造物であったが、解体されていまはない。昭和63年９月26日

29　宮浦鉱大斜坑・坑底側を写す。坑底まで約1000m。大牟田市西宮浦町。昭和44年１月１日

30　乙方優勝者（宮原坑）。宮原社宅内に山ノ神があった、祠の外側のレンガ塀の中に「乙方優勝者」の文字が見える。これは甲方・乙方・丙方三方の出勤競走の優勝碑である。レンガ塀を作るとき塀の中に塗りこんだらしい。大牟田市宮原町宮原社宅。昭和47年１月１日

31　丙方出役優勝者の石灯籠。荒尾市旧万田坑跡の構内。山ノ神祠　灯籠竿石銘　大正７年６月30日献納――と刻まれている。３番方は深夜作業で生命の危険がつきまとう坑内は誰でも出勤したがらない、夜９時ごろ普通の人が寝る時間に、作業着に着替えて入坑するのだから嫌がるのは当然である。会社の対策で採炭夫の甲方、乙方、丙方に出勤競走をさせていた。優勝した方を褒賞していた。優勝した方の者は、山ノ神のおかげで元気に働くことができたという感謝の気持ちから、山ノ神に石灯籠を献納するようになったので、これから２年、３年そうした石灯籠が構内と高台に続々建てられた。平成３年５月27日

▲31

▼32

▲33

32　馬匹小頭（ばひつこがしら）。馬匹とは馬の力による運搬。小頭とは職制で責任者のこと。馬が坑外で採用されたのが大浦坑で明治11年（1878）２月25日、坑内で石炭運搬に馬匹を使役しはじめたのは、同年６月、最初は馬８頭を収容する馬小屋が坑内にできた。これより先大牟田浜まで馬車鉄道工事がすすめられており、同年２月に完成した。距離は24町36間の複線工事である。当時の人の話によると、馬も100頭内外を使っていた。馬の働きがハコ回りに大きく左右するので、大浦坑、七浦坑とも昼夜の別なく汽笛をピイピイ鳴らして、馬車の怠慢を戒めたというし、この督励のピイピイが坑口と坑外との苦情を緩和したというから面白い。馬を使用した炭坑は大浦坑、七浦坑、宮浦坑、宮原坑、勝立坑、万田坑、旧四山坑の７坑であった。馬匹運搬が廃止になったのは昭和６年（1931）１月。電車またはエンドレスに替った。大牟田市竜湖瀬町竜湖瀬墓地。昭和44年６月７日

33　七浦坑小頭。大牟田市竜湖瀬町竜湖瀬墓地。昭和44年６月７日

▼34

▼35

▲36

▼37

37　万田坑のトンネル。昭和７年開通。売勘場（売店）が万田坑の構内にあったので、地元の人たちは構内を通り抜けて、大牟田市の桜町へ行っていたので、会社は対策を考えた結果、売勘場を構外の正門の前に移し、トンネルを作ってやった。土地の人々はトンネルの開通で便利になったので、後々まで三井さんのおかげと、ありがたがっていた。荒尾市原万田、万田坑内。昭和46年６月13日

34　宮ノ原小頭。小頭とは職制のこと。大牟田市竜湖瀬町竜湖瀬墓地。昭和44年６月７日

35　世話方（せわかた）。昔は、義理人情の厚い人が多かったせいか、自分たちの上司の墓を世話方一同で建てている。大牟田市竜湖瀬町竜湖瀬墓地。昭和44年６月７日

36　馬丁（馬夫）。馬丁の人たちが責任者である「小頭」の墓を建ててやったのか台石に名前が刻んであった。大牟田市竜湖瀬町竜湖瀬墓地。昭和44年６月７日

▼38

38　目標日産15,000屯。昭和35年の三池争議が終わり、三池炭鉱では、三川鉱・宮浦鉱・四山鉱で日産15,000トン体制の確立を目標に出発して、飛躍的に生産を拡大させた。三川鉱表門。昭和37年11月17日

39　安全祈願祭。炭鉱では無事故を山ノ神に祈願していた。現代的合理性では理解しにくいくらい、山ノ神への祈願は繰り返し行われた。1月と7月に安全祈願祭が行われていた。港沖四山鉱繰込場。昭和45年1月5日

40　インフルエンザ予防注射。会社の出勤対策でインフルエンザに罹らないように予防注射を人事係の衛生管理者がしていた。場所は港沖四山鉱の鉱員脱衣場。昭和45年1月18日

▼39

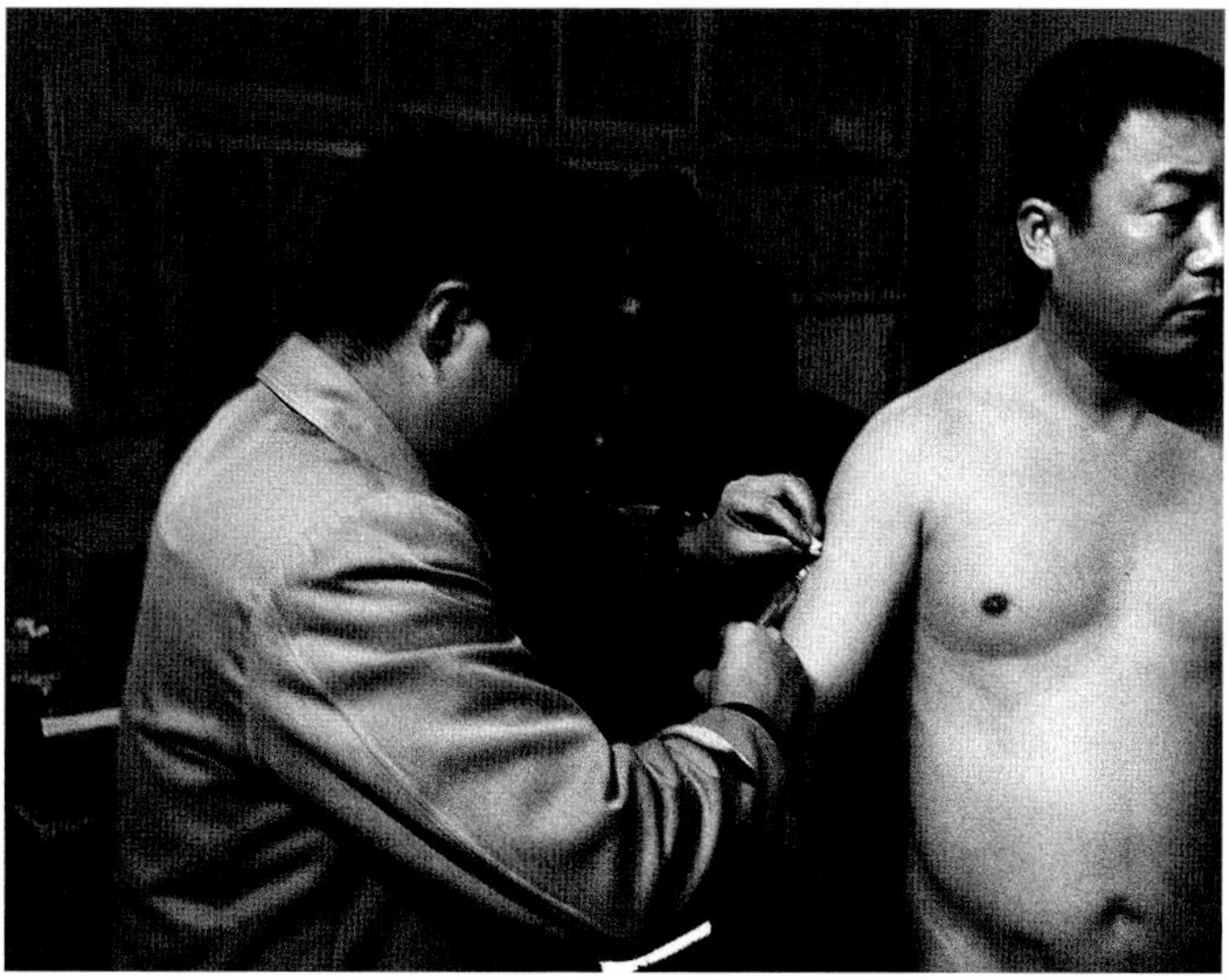

▲40

41　繰込場。1．その日の仕事の指示。2．保安上の注意。3．前日の作業状態を知らせる。4．連絡事項。5．山ノ神に安全祈願をして入坑する。港沖四山鉱。昭和51年11月18日

▼42

42　宮浦鉱斜坑人車乗り場。昭和44年1月1日

▼43

43　採炭（切羽）現場。戦前から戦後は、手掘り採炭で炭壁をダイナマイトで崩し、ショベルで掬い、チェーンコンベアに入れていた。天盤が落ちないように木枠を張っていた。カッペ採炭とは、昭和25年（1950）頃から、木柱に替わって、炭層の高さに応じて調節できる鉄柱を使用し、これに鋼製の梁を組み合わせて天盤を支持する方法。炭壁面に支柱を必要としないので、大型採炭機械の導入や積込方法の改善ができるようになり、きびしい自然条件のため機械化の遅れていた採炭切羽（現場）の機械化を可能にした。カッペは、緩傾斜炭層の長壁切羽のほとんどに普及し、その後の採炭様式を大きく変えた画期的な技術であった。カッタ、コンベアの切羽用機械と組み合わせて使用していた。切羽用採炭機械はホーベルからドラムカッターに替わった。鉄柱（角型）も水圧鉄柱（丸型）に替わった。

坑内労働

＊坑内労働は、四山鉱（港沖）——大牟田市四山町四山地先——有明海海面下520メートル坑道の採炭現場、堀進現場、竪坑の坑底などで撮影。

＊撮影データ——
カメラ　オリンパス35　ＷＩＤＥ－Ｅ（1957年製）
レンズ　35ミリ
ネオパンＳＳＳ　ＩＳＯ200を800～1000に増感
防爆型ストロボ使用

▼44

44　坑内馬と馬丁。坑内では石炭運搬に馬を使用していた、馬匹（ばひつ）運搬という。木製の炭函を馬に引かせて本線坑道を坑底まで運んでいた、万田坑・宮原坑でも使用していた。

43・44……大正５年頃までの採炭現場

▼45

▶
46

45・46　採炭現場。削岩機でダイナマイトの穴を穿っている。港沖四山鉱、520 m 1号払。昭和42年5月21日

▼47

47　採炭現場。削岩機でダイナマイトの穴を穿っている。港沖四山鉱、520m 1号払。昭和42年5月21日

▼48

48　採炭現場。削岩機でダイナマイトの穴を穿っている。港沖四山鉱坑内。昭和42年７月15日

▶ 51

◀ 50

▶ 52

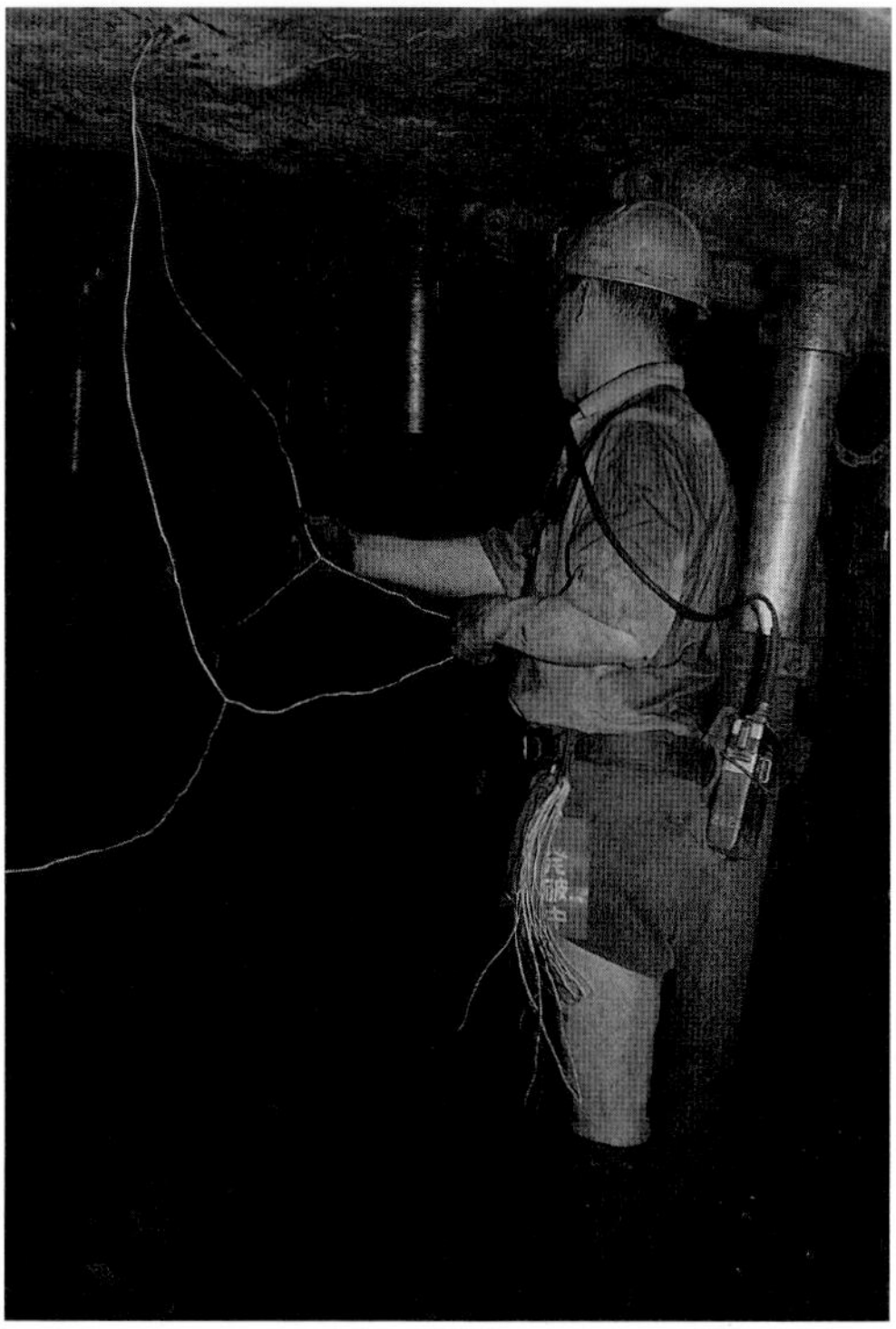

50　採炭現場へ。左手に持っているのはダイナマイトの母線。胸に下げているのは発破の合図用の笛。港沖四山鉱、520m 1号払。昭和42年5月21日

51　発破準備。左手に持っているのはダイナマイト。右側は砂袋。マイトを穴にさし込んでその上に砂袋を詰める。港沖四山鉱、520m 1号払。昭和42年5月21日

52　発破準備。ダイナマイトの雷管の配線。港沖四山鉱、520m 1号払。昭和42年5月21日

49　穴くり作業。削岩機（オーガノミ）で炭壁に穿孔作業。できた穴に仕掛けたダイナマイトを爆破、採炭現場（払）をつくる。払（はらい）とは長壁式採炭現場。昭和53年3月4日

▼53

▶
54

▼55

55　切羽（採炭現場）。炭層が採炭機械で切り落とされている。港沖四山鉱、520m 1号払。昭和42年5月21日

53　ホーベル（採炭機械）。右端のツメの部分をチェーンで引っ張り炭層を切り崩しながら進む（ホーベル払）。港沖四山鉱坑内。昭和42年6月11日

54　払い（切羽）の炭層に安全灯（キャップランプ）の光を当てると鈍く黒く光る。採掘していない炭層の石炭は採炭現場の人にしか見られない。港沖四山鉱坑内。昭和42年7月15日

56・57　自走枠払（切羽＝採炭現場）。
港沖四山鉱坑内。昭和42年７月15日

▲57

▲58

▼60

60　合図のベルのスイッチを押している。港沖四山鉱坑内。昭和42年６月11日

▼59

59　坑内巡回。港沖四山鉱、520m１号払。昭和42年５月21日

58　採炭現場。削岩機でダイナマイトの穴を穿っている。港沖四山鉱、520m１号払。昭和42年５月21日

▼62

62　切羽（採炭現場）で作業中。港沖四山鉱坑内。昭和42年６月11日

61　ペンキ塗り。港沖四山鉱、520m１号払。昭和42年５月21日

▲63

▼64

64　立柱。水圧鉄柱を立ててある。港沖四山鉱、520m 1 号払。昭和42年 5 月21日

63　鉄柱運搬。港沖四山鉱坑内。昭和42年 6 月11日

▼65

65　切羽（採炭現場）。港沖四山鉱、520m 1号払。昭和42年5月21日

66　チェーンブロックを成木《なるぎ》（小さな坑木）で2人で担って運搬している。港沖四山鉱、520m 1号払。昭和42年5月21日

▼67

▼68

68　天井点検。港沖四山鉱、520m 1 号払。昭和42年 5 月21日

67　切羽（採炭現場）。港沖四山鉱、520m 1 号払。昭和42年 5 月21日

▼70

70　切羽（採炭現場）で作業中。港沖四山鉱、520m１号払。昭和42年５月21日

69　切羽（採炭現場）。港沖四山鉱、520m１号払。昭和42年５月21日

◀
71

71　自走枠払（切羽＝採炭現場）。港沖四山鉱、520m 1 号払。昭和42年 5 月21日

72　自走枠払（切羽＝採炭現場）。港沖四山鉱、520m 1 号払。昭和42年 5 月21日

▶ 73

▼74

74　切羽（採炭現場）で作業中。港沖四山鉱、520m 1号払。昭和42年5月21日

73　切羽（採炭現場）。港沖四山鉱、520m 1号払。昭和42年5月21日

▼75

75　切羽（採炭現場）で作業中。港沖四山鉱、520m 1 号払。昭和42年 5 月21日

76　切羽（採炭現場）で作業中。港沖四山鉱坑内。昭和42年 6 月11日

▼77

77・78　切羽（採炭現場）。港沖四山鉱、520m 1 号払。昭和42年 5 月21日

▼78

79　切羽（採炭現場）。港沖四山鉱、520m 1号払。昭和42年5月21日

80　採炭現場でコンベアの修理。港沖四山鉱坑内。昭和42年６月11日

▼81

81　自走枠払（切羽＝採炭現場。丸い柱は水圧鉄柱）。港沖四山鉱坑内。昭和42年６月11日

82　積み込み（２トン炭函）。港沖四山鉱坑内。昭和42年６月11日

▲82

▼84

84　採炭現場。よけきり（水を流すための溝掘り）。港沖四山鉱坑内。昭和42年６月11日

83　採炭現場。炭掬い。港沖四山鉱坑内。昭和42年６月11日

堀進現場

▼86

86　堀進現場。削岩機でダイナマイトの穴を穿っている。港沖四山鉱。昭和42年8月5日

堀進現場は砲煙弾雨の戦場のようであり、とくに現場で発破をかけた直後は煙と岩粉で坑道はまっ白になり、煙と岩粉が完全に消えるまで一時間近くかかるが、作業員たちはわずか20分くらいで先がよく見えないのに手探りで仕事にかかっていた。

85　切羽（採炭現場）で作業中。昭和42年6月11日

▼87

87・88　堀進現場。削岩機でダイナマイトの穴を穿っている。温度は約30度～35度ある。港沖四山鉱。昭和42年８月５日

▼88

◀
89

89　堀進現場。削岩機でダイナマイトの穴を穿っている。港沖四山鉱。昭和42年８月５日

▼90

90　掘進現場。発破準備。ダイナマイトの雷管の配線。港沖四山鉱。昭和42年8月5日

▼92

▼91

91・92　堀進現場。サイドダンプ運転。ボタ（硬石）を掬って炭函に積み込んでいる。港沖四山鉱。昭和42年８月５日

▼94

▼93

93・94・95・96・97　堀進現場。アーチ枠を張っている。危険な仕事である。チームワークが大切。港沖四山鉱。昭和42年8月5日

▲95

◀
96

▼97

▼98

98　堀進現場。検収（作業が終わり岩盤堀進が何メートル進んだかを係員が調べている、賃金計算の基になる）。港沖四山鉱。昭和42年８月５日

99（次頁上）・100（次頁下）　ボタ（硬石）掬い。ダンプで掬って炭函に積み込む。港沖四山鉱。昭和42年８月５日

▲101

▼102

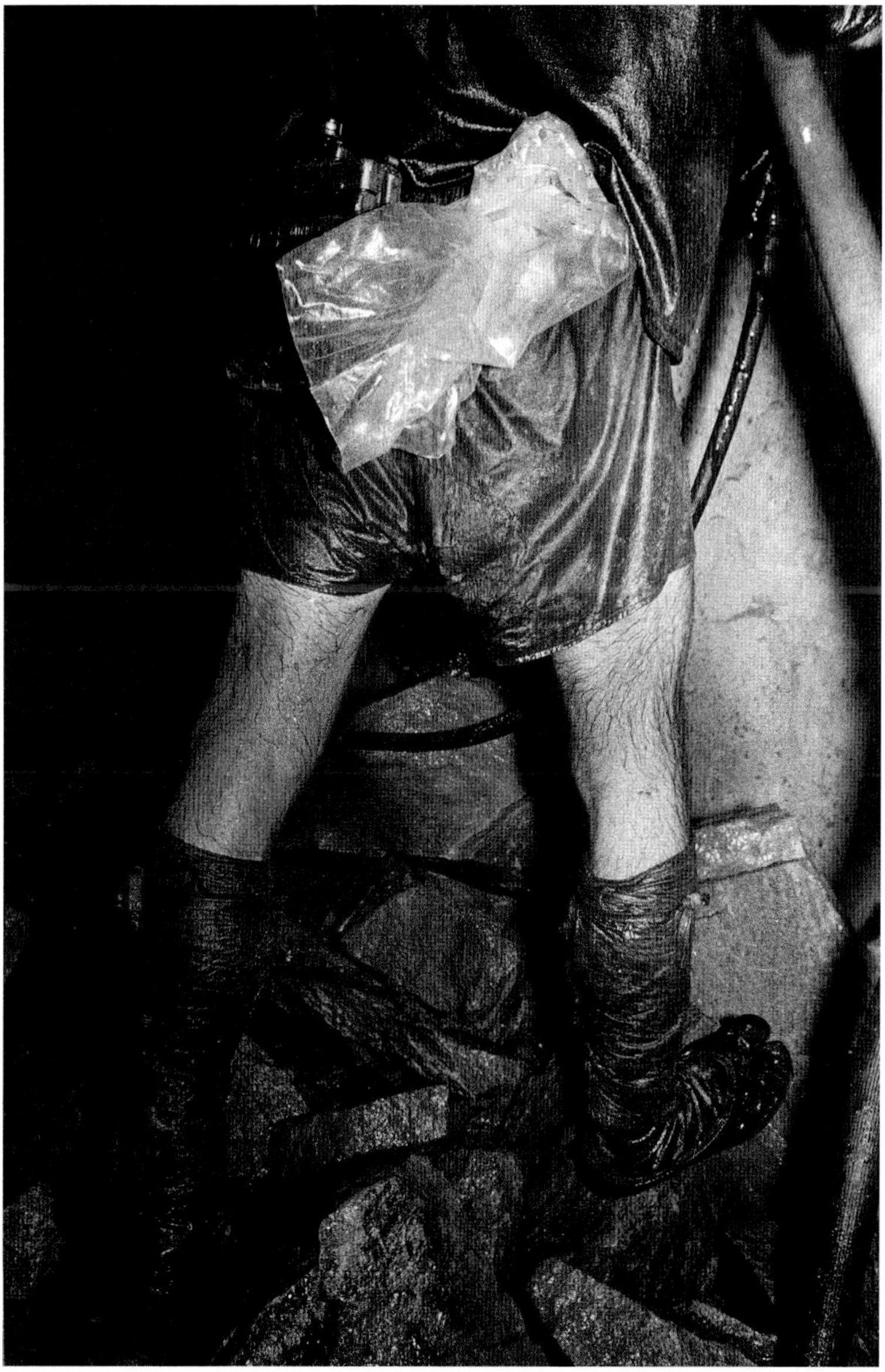

102　堀進現場。地下足袋を履いて足場の悪いところで作業をしている。港沖四山鉱。昭和42年８月５日

101　堀進現場。発破をかけて落とした大きなボタ（硬石）を手袋もせずにかたづけている。腰に付けているのは安全灯のバッテリー。港沖四山鉱。昭和42年８月５日

◀
103

103　作業中。炭函にはボタ（硬石）を積んでいる。港沖四山鉱坑内。昭和42年6月11日

104　ツルハシを持って現場へ。港沖四山鉱、520m 1号払。昭和42年5月21日

移動と休息

▼104

◀
105

105　人が乗っているのは「船」。モーター（原動機）などの重量物運搬に使う。エンドレスで引っ張っていた。上の袋は火災防止用の水袋、水を一ぱい入れて天井に下げてある。港沖四山鉱、520m 1号払。昭和42年5月21日

▶
106

106　坑内電車。港沖四山鉱坑内。昭和42年７月15日

107　上層35昇800馬力人車乗り場。斜坑を80m下がれば600m坑道に通じていた。30度くらいの急勾配のところに設けられていた、520m坑道と600m坑道の連絡坑道であった。港沖四山鉱。昭和53年３月４日

108　中食（坑内での食事時間は決まっておらず仕事の都合で随時食べていた）。港沖四山鉱、520m１号払。昭和42年５月21日

ぎりぎりダイナ

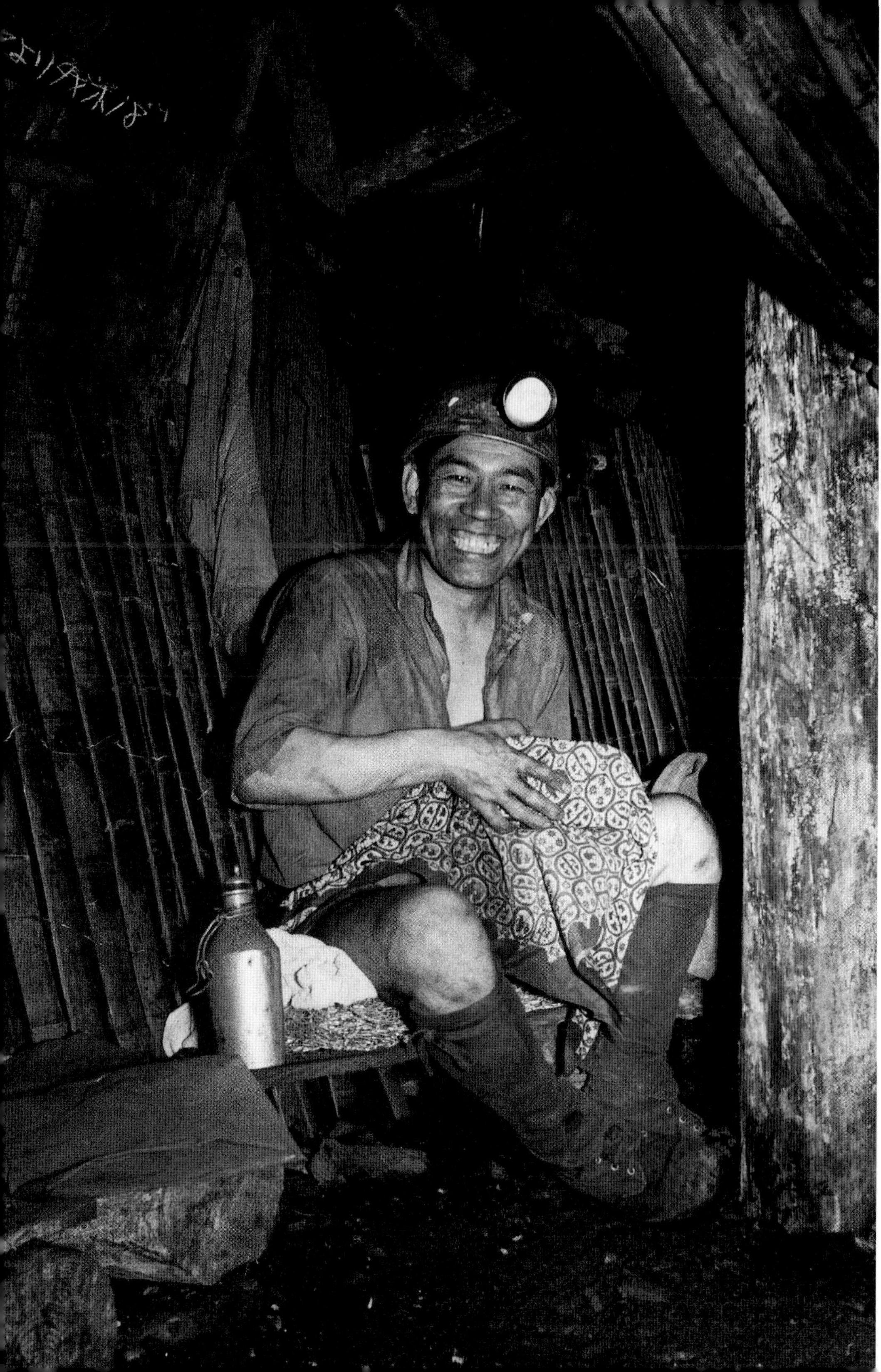

▼109

109・110　中食。坑内では食事時間が一番楽しい。食事は決まった場所はなく、坑木とか鉄パイプなどに腰かけて食べる。港沖四山鉱、520m 1 号払。昭和42年 5 月21日

▼110

111　休憩。うしろの竹簀は炭壁が崩落しないために立ててある。港沖四山鉱、520m 1 号払。昭和42年 5 月21日

112　休憩時間。足場も天井も悪い現場。港沖四山鉱、520m 1 号払。昭和42年 5 月21日

▶111

▼112

▼113

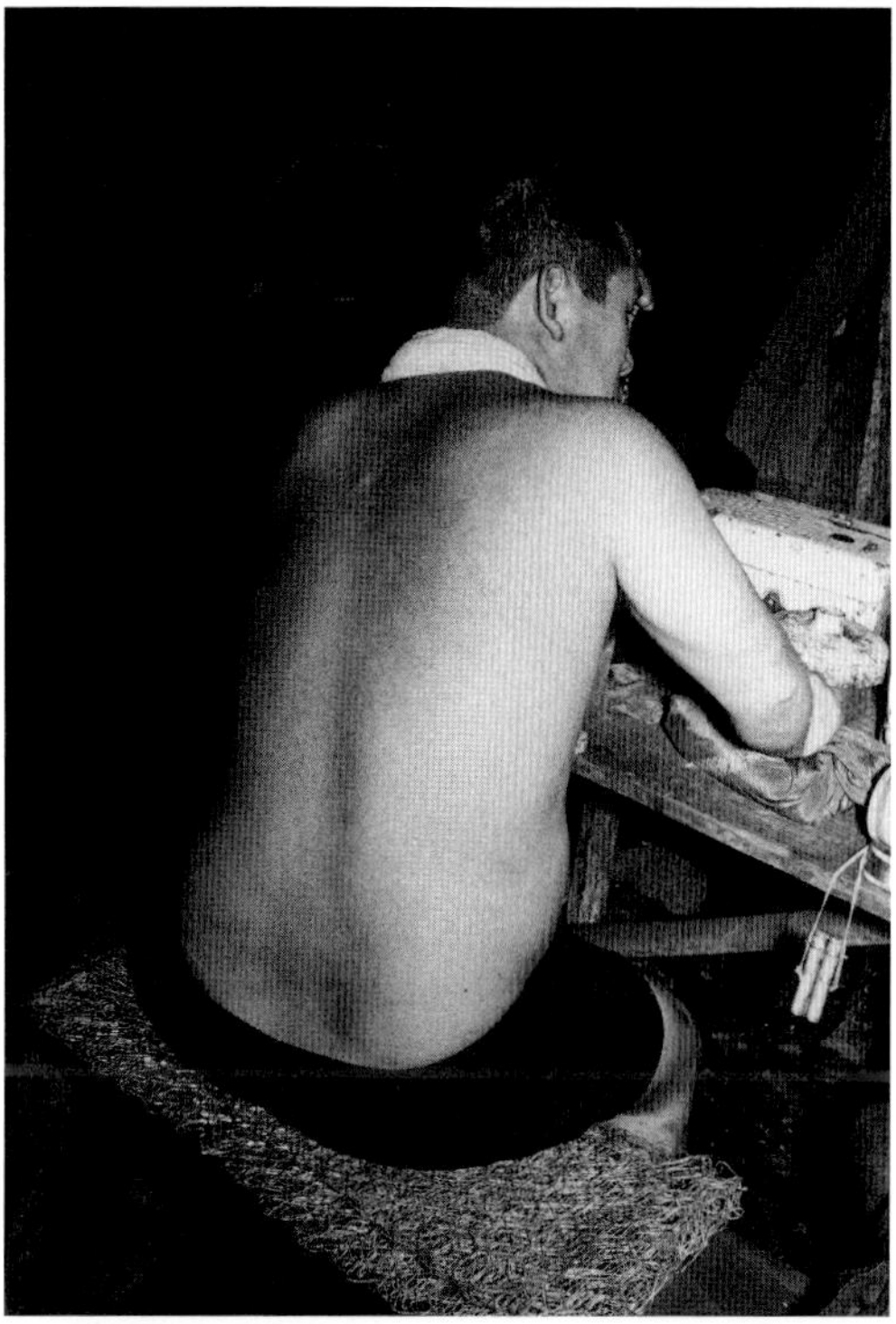

113　休憩中。港沖四山鉱坑内。昭和42年６月11日

114　休憩時間。腰につけているのは安全灯のバッテリー。港沖四山鉱坑内。昭和42年６月11日

115　ネズミにかじられるので作業着、道具袋、弁当などは枠柱にかけておく。港沖四山鉱坑内。昭和42年６月11日

▲115

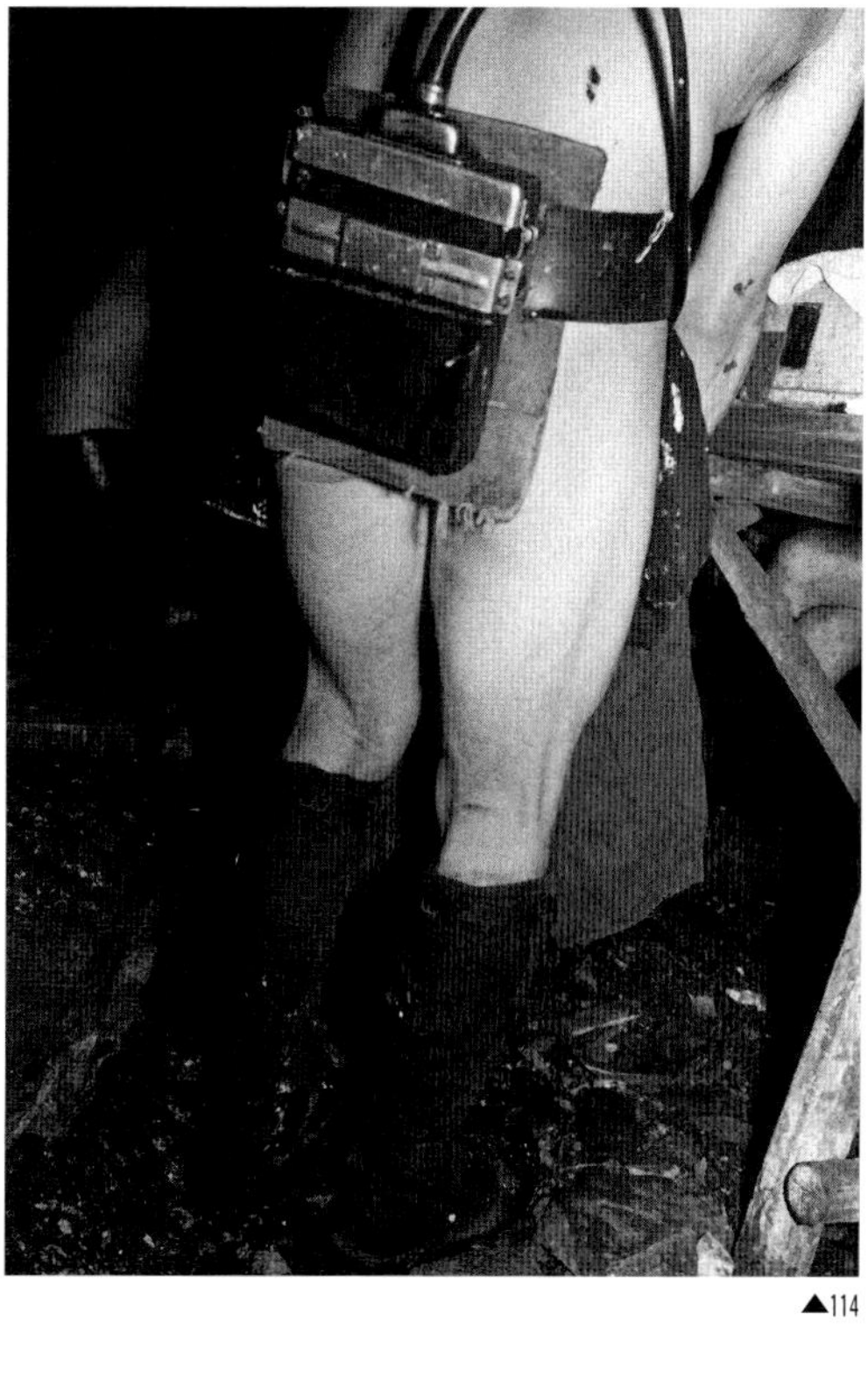

▲114

◀
116

116　仕事を終えて、汚れを落とす。保安靴を履いている。港沖四山鉱、520m 1号払。昭和42年5月21日

▶
117

117　仕事を終えて電車乗り場に急ぐ。港沖四山鉱坑内。昭和42年６月11日

▼119

119　港沖四山鉱の坑底。深度520m開閉式の扉を開けると「ケージ」(エレベーター)がある。昭和42年 7 月15日

118　竪坑の坑底（港沖四山鉱)。坑底より坑口側を写す。左側のケーブル（ワイヤーロープ）はケージ（エレベーター）を吊り下げている。直径60㎜。深度、有明海海面下520m。昭和42年 7 月15日

▼120

120　坑道（坑底の近く）。港沖四山鉱坑内。昭和42年７月15日

▼121

121　坑内電話（防爆型電話）。港沖四山鉱、520m 1 号払。昭和42年 5 月21日

▼122

122　坑道。車道ヨセ、B、C側へ。港沖四山鉱坑内。昭和42年６月11日

▼123

123　風管。新鮮な空気を作業現場に送っている、直径約１m。港沖四山鉱、堀進現場。昭和42年８月５日

▼124

124　通気門。板の門にビニールを張ってある。坑道が交差している箇所では、このように門を設置して空気の送風を調節する。作業員もここを通るときはこの扉を開閉して通る。港沖四山鉱坑内。昭和42年６月11日

▼125

125　水抜坑道。低い箇所の水をポンプで高い所に揚げて溝（よけ）に流す坑道。
港沖四山鉱坑内。昭和42年６月11日

◀
126

126・127　排気道（よごれた空気を坑外に出す坑道）。港沖四山鉱坑内。昭和42年７月15日

▼128

128・129・130　水圧鉄柱。天盤の荷圧がかかり坑木がつぶれている。港沖四山鉱坑内。昭和42年７月15日

▼130

▼129

▼132

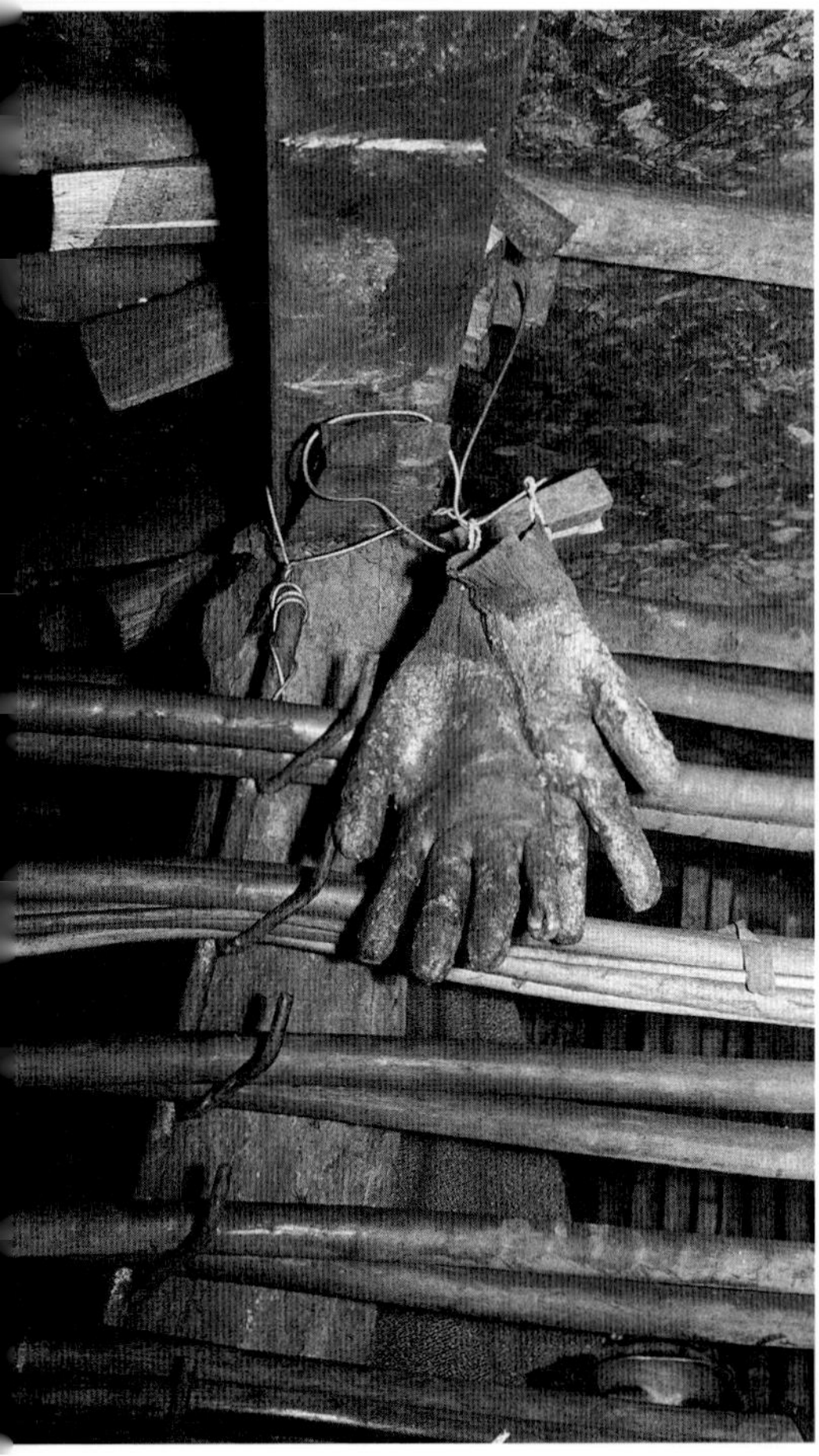

132　坑道には何本もの電纜（ケーブル）が通っている。天盤と坑木の間に打ち込んである小さな木片は「楔」。港沖四山鉱、520m 1号払。昭和42年5月21日

▼131

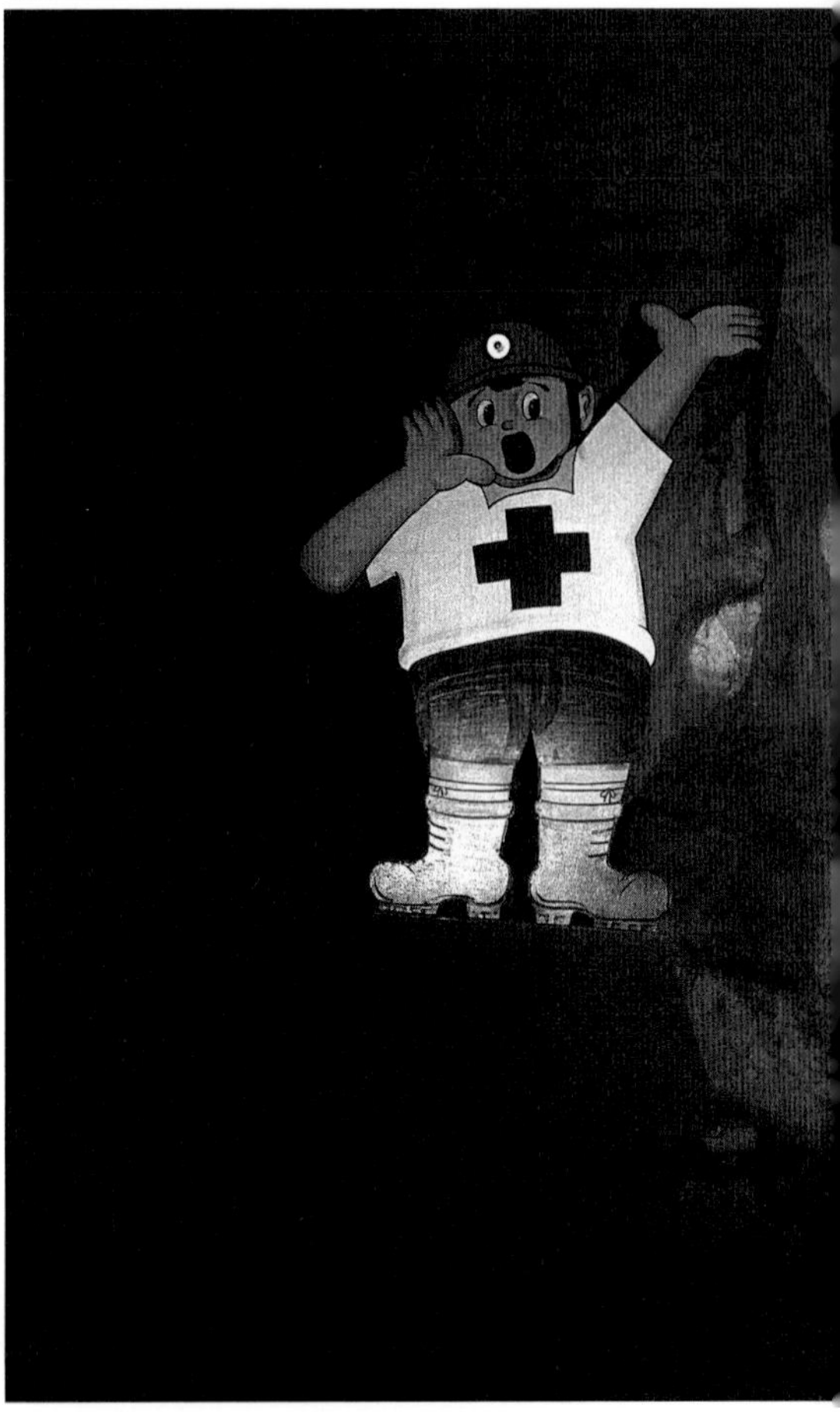

131　保安人形。坑内はケガをする人が多かったので保安には気をつけていた。港沖四山鉱坑内。昭和42年7月15日

▼133

133　巡回点検板。坑内にはところどころに点検板が設置してある。港沖四山鉱坑内。昭和42年６月11日

▼135

134・135　変電所。変圧器を設置してある。立入禁止になっている。港沖四山鉱坑内。昭和42年７月15日

136・137　運搬第二指令所。港沖四山鉱坑内。昭和42年６月11日

▼136

▼137

▼138

138　仮手当所。胃腸薬、塩、赤チン、包帯などが置いてあった。軽傷のときだけ治療を受けていた。港沖四山鉱坑内。昭和42年６月11日

▼139

139　自走枠払（切羽＝採炭現場）。丸い柱は水圧鉄柱。港沖四山鉱、520m 1号払。昭和42年5月21日

▼140

140　坑内火災防止の水袋。坑道の天井に奥行き60cm横幅80cmぐらいの水袋を奥行き20mぐらい下げてある。炭塵爆発がおきればその爆風で水が落下して火災を消すようになっている。港沖四山鉱、520m 1号払。昭和42年5月21日

▼141

141　柱（坑木）のむこうに送炭ベルトがある。港沖四山鉱坑内。昭和42年６月11日

▼142

142　乾式充填（乾充）。坑木を井桁に組んで、その中に天盤のボタをダイナマイトで落とし、支柱にしていた。港沖四山鉱、520m 1号払。昭和42年5月21日

▼143

143　払跡。払（切羽）で石炭を掘り終えると採炭機械は前進するので、鉄柱を撤去する。そこが「払跡」で、天井からボタが落ち放題、最も危険な箇所。港沖四山鉱坑内。昭和42年６月11日

▼144

144　鉄砲錠。港沖四山鉱、仕上工場の錠前、同工場で作った自家製の錠前であり、鍵はねじ込み式で合鍵は絶対に作れなかった。昭和53年９月１日

145　坑木置場。四山鉱。荒尾市大島。昭和37年11月６日

▼145

34
は 方
ろ 方
1947
1950
1953
1956
1954
1957

▼148

148　ホーベル。「カンナ」のように炭層を削りとる採炭機械。厚さの薄い炭層にそって、高速で往復しながら石炭を削りとる。最初はこの写真のように、鉄柱とカッペで天盤を支えていたが、のちには自走枠と組み合わせて使っていた（大牟田市石炭産業科学館蔵）。平成12年１月13日

146（前頁上）　鉄柱。鉄柱を手入れして坑内に下げる準備をしている。四山鉱一坑口。荒尾市大島。昭和37年11月５日

147（前頁下）　安全灯室（キャップランプ室）。安全灯を貸し出すところで、充電、修理をしていた。大牟田市四山町四山地先、港沖四山鉱。昭和52年４月21日

◀
149

◀
150

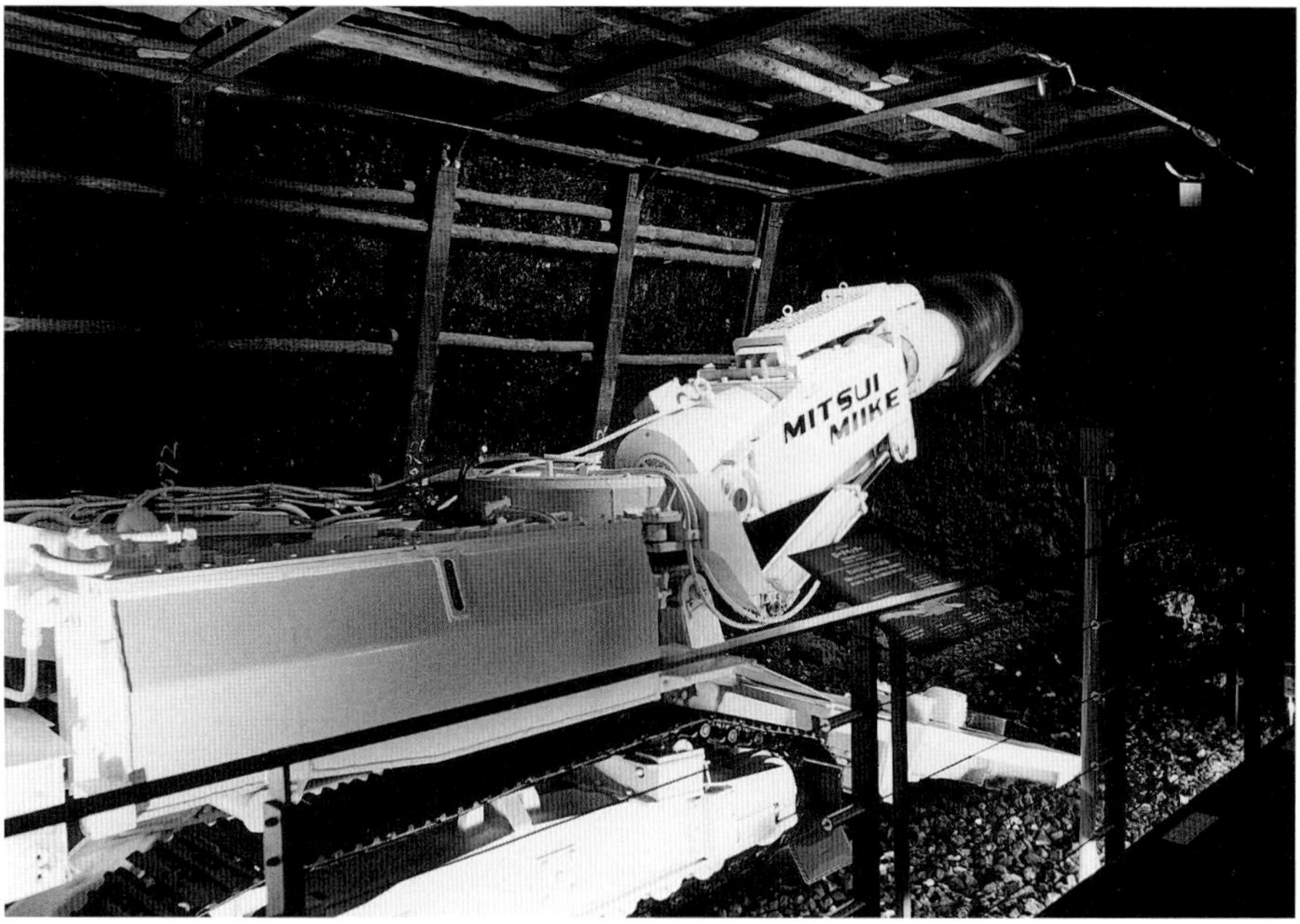

150　ロードヘッダー。首ふり自在のトンネル堀進機。先端についたドラムで、石炭層の中を掘り進む機械。掘りながら、集め、後方の運搬設備に積み込む（大牟田市石炭産業科学館蔵）。平成12年１月13日

149　コンティニュアス・マイナー(アメリカ製)。幅広ドラムの堀進・採炭用機械。おもに石炭層の堀進に使われ、高出力のドラムで切削する。シャトルカー（石炭運搬自動車）やベルトコンベアと組み合わせて使う（大牟田市石炭産業科学館蔵）。平成12年１月13日

▶
151

▶
152

152　自走枠とドラムカッター。システム全体が油圧で前進しながら採炭。採炭切羽では、自走枠・ドラムカッター・払コンベアを組み合わせた採炭システムにより、高能率の採炭がおこなわれる（大牟田市石炭産業科学館蔵）。平成12年１月13日

151　電気機関車と炭車。坑内で石炭を「長距離・大量輸送」。石炭は切羽からベルトコンベアで貯炭ポケットに集められる。ここで炭車に積まれ、３両で１セットの機関車に牽引されて、坑口の近くまで運ばれる（大牟田市石炭産業科学館蔵）。平成12年１月13日

炭掘る仲間

▼153

▼154

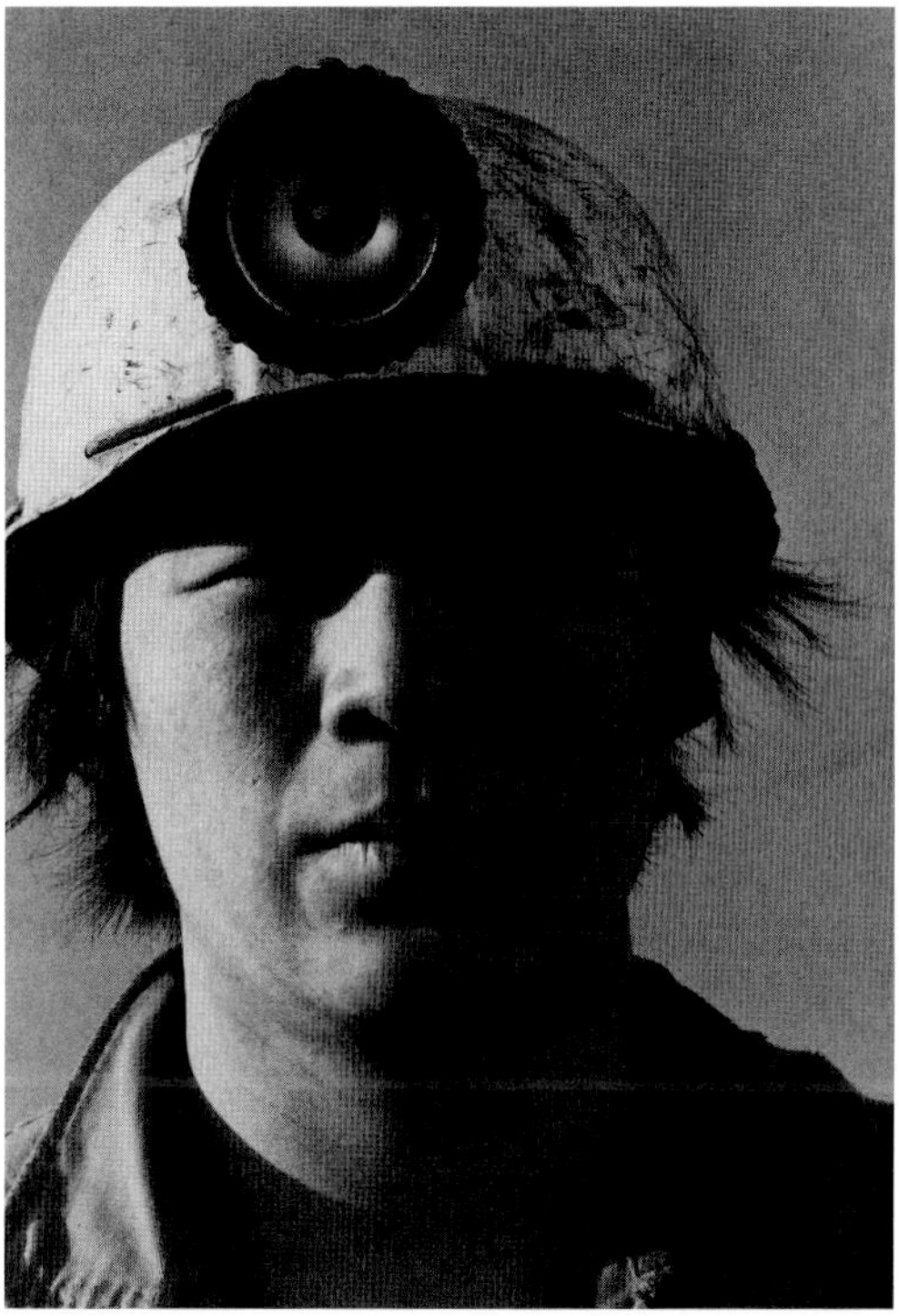

153　炭鉱で働いた人たち。保安帽、作業着、脚絆、保安靴の服装に安全灯（キャップランプ）とガスマスクをつけて真っ暗な坑内で仕事をしていた。昭和55年５月24日

154　昭和45年10月26日

155　昭和45年２月３日

156　昭和45年１月12日

▲156

▲155

▲157

▼159

▼158

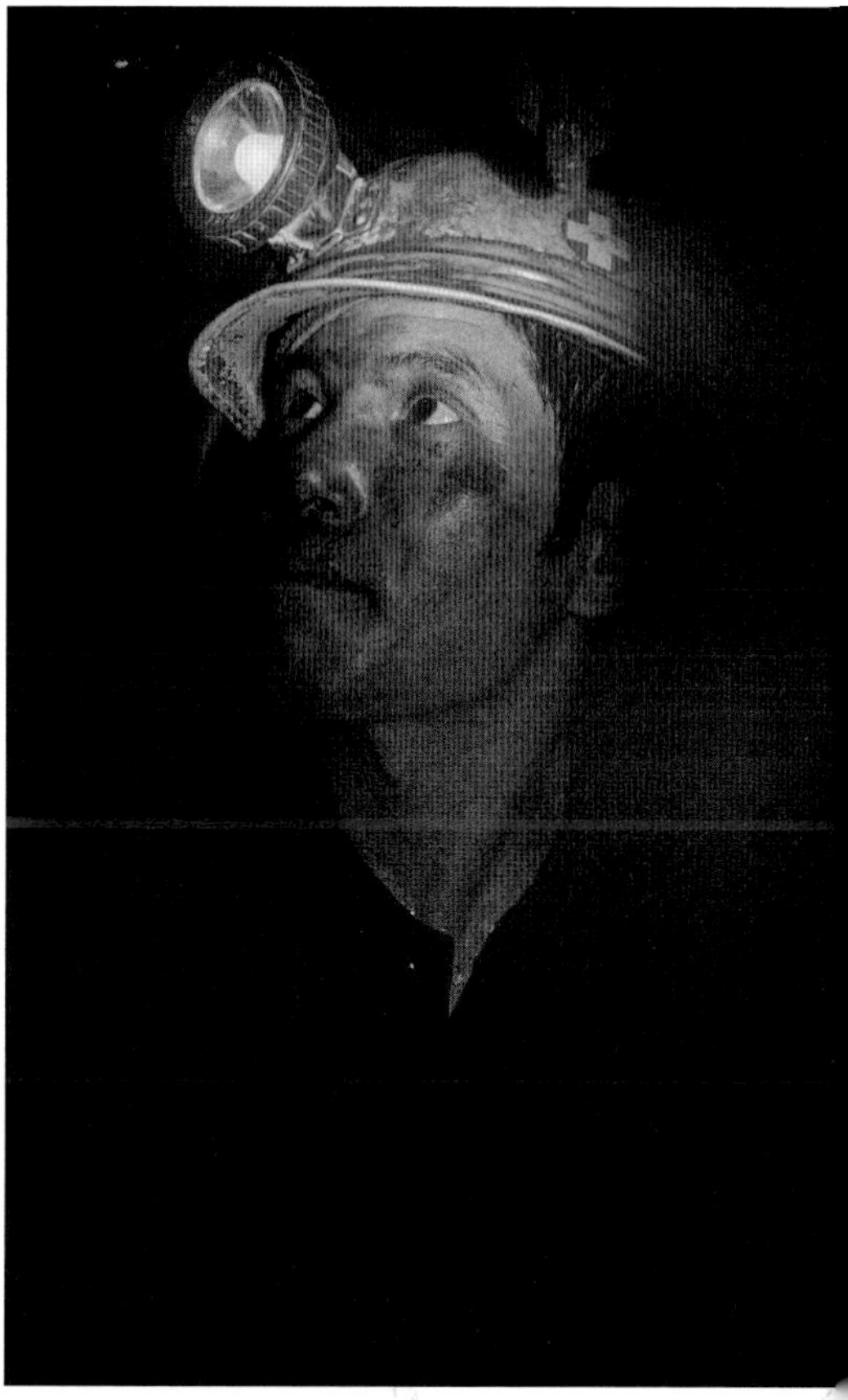

159　切羽（採炭現場）で記念撮影。港沖四山鉱。昭和42年６月11日

158　切羽（採炭現場）で作業中。港沖四山鉱。昭和42年５月21日

157　切羽（採炭現場）で作業中。港沖四山鉱。昭和42年６月11日

▼160

160　切羽（採炭現場）。港沖四山鉱、520m 1 号払。昭和42年 5 月21日

161　昭和45年11月12日

162　昭和57年 8 月28日

163　昭和51年 9 月25日

164　昭和51年 9 月25日

▼162

▼161

▲164

▲163

▼166

166　昭和52年12月26日

▼165

165　女坑夫、上田ヨシさんは大正５年より昭和５年まで14年間坑内で働いた。昭和46年12月10日

石炭列車

▼167

167　炭鉱汽車。明治24年（1891）、三井三池炭礦社では、機関車を買い入れ、宮浦坑から横須まで、馬車軌道を廃して石炭運搬に利用した。「炭鉱汽車」の呼び名で親しまれてきた汽車ポッポは昭和37年まで71年間走り続けた。同年11月10日に電車に切り替えられた。それまで機関車は５輌あった。三井三池専用鉄道四山駅。昭和35年10月16日

168　炭鉱の通勤電車。正月だから電車に旗が立っていた。荒尾市緑丘社宅、平井駅で写す。昭和59年１月１日

▼169

169　炭鉱電車。石炭を満載している、大牟田市早米来町の踏切。昭和54年6月5日

三井石炭鉱業株式会社　三池炭鉱専用鉄道　駅名・停車場名

貨物	通勤電車		
	玉名（緑ヶ丘）線	桜町線	勝立線
三池浜停車場　起点	三川鉱駅	三川鉱駅	宮浦駅
宮浦停車場	西原駅	西原駅	勝立駅
万田停車場	原万田駅	妙見停留所	
原万田停車場	大平駅	桜町駅	
四山停車場	宮内駅		
三池港停車場　終点	大谷駅		
	平井駅		

開通　昭和23年5月　西原—大谷
開通　昭和24年2月　大谷—平井　廃止　昭和59年9月
開通　昭和26年9月　桜町線　　　廃止　昭和59年9月
開通　昭和21年7月　勝立線　　　廃止　昭和44年1月
貨物線の廃止は閉山後、平成9年4月以降

170　馬込鉄橋。大牟田市と荒尾市の県境付近を流れる諏訪川上流に、三池鉄道の馬込鉄橋がある。古風なレンガつくりの橋ゲタ、周囲にはミドリの田畑が広がる。このあたり、昔の三池の面影を最もよく残しているところ。「ガタン、ゴトン」と、のどかな炭鉱電車の音が近づき、やがて鉄橋にさしかかる。おもちゃを思わせるような小さな電気機関車が、石炭を満載した長い貨車をせっせと引っぱっていた。大牟田、荒尾市内を走る炭鉱電車は、延長15.34㎞。三池港駅を起点に、大牟田市桜町と荒尾市緑ヶ丘から２本の旅客線もあった。かつては、社宅とヤマと行き帰りする炭鉱マンたちの専用になっていたが、後では三井三池専用鉄道という別会社になり、一般にも開放していた。昭和37年までは小型の蒸気機関車もときどき使われていた。大牟田市馬込町。昭和46年３月４日

▼171

171　三井三池専用鉄道万田駅。万田坑二坑櫓と45トン電車。昭和45年４月26日

172（次頁）　三井三池専用鉄道の線路。線路は全部撤去されている。黒橋より西原方面。四山神社が遠望できる。昭和56年７月10日

社宅の暮らし

炭鉱社宅

▼173

173　万田社宅・仲町と宮坂町。仲町は６棟－８戸、７棟－７戸、８棟－７戸、９棟－５戸、10棟－４戸、合計31戸あり、明治35年ごろの建築。藤村耳鼻科の看板より上は宮坂町で、約82戸あった。間取りは広い方で６畳・６畳・３畳。狭いところは６畳・３畳であった。右端は山ノ神さんの鳥居。荒尾市万田社宅仲町・宮坂町。昭和45年３月29日

174　荒尾市万田社宅通町21棟。明治・大正時代に建てられた社宅の入り口（玄関）は、３尺（90㎝）のガラス戸が１枚だけ立ててあった。明治40年ごろの建築。昭和43年３月10日

175　荒尾市万田社宅通町「０棟」。社宅の棟数は、１から始まっているのがふつうのところが、万田社宅通町には０棟がある。この家は、元大工作業場兼建築資材倉庫で、終戦後、社宅不足から社宅に転用した。すぐ裏の社宅が１棟だから「１の前は０」ということで０棟とつけられた。０棟は１戸建ちで、広さ、間取り、外観など他の社宅と全く同じ。昭和45年３月29日

▼174

▲175

▼176

176　せんたく物。上２枚の半袖シャツとパンツは坑内作業着。荒尾市万田社宅通町。昭和44年３月29日

▼177

177　荒尾市万田社宅通町。昭和45年３月29日

178　荒尾市万田社宅仲町７棟。昭和45年３月29日

▼178

▼179

179　かまど。プロパンガスが普及する前、昭和30年ごろまでは炊事に「かまど」を使用していた。共同水道場からバケツで水を運び水溜めに入れていた。かまどに焚く薪は会社が古坑木を配給していたので、それを小さく割って使っていた。後に各戸に水道がつけられた。荒尾市万田社宅仲町。平成２年７月５日

180　荒尾市万田社宅仲町。明治35年（1902）頃建築。昭和45年４月26日

181　荒尾市万田社宅仲町。明治35年（1902）頃建築。昭和55年７月22日

▼180

▲181

▼182

182　荒尾市万田社宅仲町６棟、８軒長屋。明治35年（1902）頃建築。昭和45年４月26日

183　万田売店。荒尾市万田社宅。米、麦、その他の食料品、衣類、酒類、生活必需品全般を販売していた。ガスのなかった時代は、豆炭、コークス、風呂沸かし用に石炭、焚き付け用に坑木の切れ端も配給されていた。昭和55年７月22日

▼183

▼184

184　万田講堂。荒尾市万田社宅。昭和55年７月22日

185　大島社宅。１棟が10軒のハーモニカ長屋であり、間取りは１階は手前から4.5畳、６畳、4.5畳、６畳、と交互にできていた。２階は全部６畳１間であった。社宅では当時練炭七輪を使っていた。ウチワでパタパタ扇ぎながら火をおこしていた。荒尾市大島社宅15棟。大正12年（1923）建築。昭和42年７月20日

▼185

186　社宅の入り口（玄関）。10軒のハーモニカ長屋（棟割り長屋）の入り口は３尺（90㎝）のガラス戸が一枚立ててあるだけで、中は半坪ぐらいの板張りがあり、その横に「かまど、流し、水溜め」があり、反対側に２階に上がる階段があった、下が６畳、２階３畳の２間で、水道と便所は共同を使用していた。宮内社宅へ移転の張り紙がしてあった。荒尾市大島社宅。昭和42年７月10日

187　地区集会所。新労働組合員の集会所で地区の行事などに使っていた。大牟田市四山社宅。昭和42年７月10日

▲187

▲188

▼189

189　大島社宅。左端四山グラウンド、道の前方第一浴場の煙突、煙が出ている。道の右側平屋の建物は四山鉱人事係事務所、その右10軒長屋２階建ては大島社宅。中央の高い煙突は三井アルミ発電所の煙突、低い方は九州電力発電所の煙突、山の右端は二頭山社宅。昭和49年４月27日

188　地域闘争本部。三池炭鉱労働組合は社宅の空き家を会社から借りて「地域分会集会所」にしていたが、争議が激しくなってから「地域闘争本部」に名称を変えていた。大牟田市四山社宅。昭和42年８月28日

▼190

190　荒尾市大島社宅。旧四山坑貯炭場の上から写す、社宅の向こうは三井アルミ工場。昭和49年４月27日

▼191

191　四山坑と大島社宅。左から四山坑坑長室の建物、汽缶場の煙突、一坑櫓、坑外運搬と選炭場跡、荒尾市大島社宅。桜が満開していた。昭和45年 4 月13日

▼192

▲193

▼194

194　宮原社宅。大牟田市宮原町。昭和45年10月８日

192・193　荒尾市大島社宅。10軒長屋、２階建て。昭和45年４月13日

▼195

▲196

▼197

197　宮原講堂。大牟田市宮原社宅。昭和45年10月８日

195・196　宮原社宅。大牟田市宮原町。昭和45年10月８日

◀198

◀199

198　緑丘社宅山吹町（荒尾市）。平成元年２月22日

199　緑丘社宅敷島町37棟（荒尾市）。平成元年２月22日

▶
200

▶
201

200　緑丘社宅弥生町（荒尾市）。平成元年２月22日

201　緑丘社宅講堂（荒尾市）。平成元年２月22日

202　社宅解体。三池炭鉱の社宅は昭和46年には職員社宅1345戸、鉱員社宅8300戸合計9645戸あったが、解体されて１戸も残っていない。炭鉱住宅の証として１戸だけでも残せなかったのは残念でならない。大牟田市四山社宅。平成元年10月４日

金受け

▼203

203　金受け。ヤマでは給料日のことを「金受け」といっていた。読んで字のごとく、単純明快なことばだが、暗い坑内で汗水たらして働いた男たちの生々しい生活のにおいがする。坑内は24時間のフル操業で、勤務は三交替。朝６時ごろから午後２時ごろまでが一番方、午後２時ごろから夜10時ごろまでが二番方、午後10時ごろから翌朝６時ごろまでが三番方で、１週間ごとに番方を入れ替わる。給料は日給制だが、月々の実働日数、作業内容などで袋の中身も違ってくる。金受けの翌日には、各ヤマとも休暇をとる者が集中するというのもおもしろい。金受けは毎月15日であった。各坑の人事係事務所の窓口に長い行列ができていた。入坑中の本人に代わって、家族が受け取りにくるケースも多かった。買い物カゴをさげた主婦の姿が目立っていた。会社規定の印鑑証明のついた印鑑と保険証かコメの通帳を窓口に差し出し、確認のあと給料をもらっていた。かつては社宅の周囲に“金受け市”がたち、日用品や植木などを売っていたが、スーパーの進出でいつの間にか姿を見せなくなった。四山鉱人事係事務所窓口。昭和44年８月９日

▼204

204・205　金受け。８月１日は期末手当支給日であり、暑いので日陰に並んで順番を待っている。四山鉱人事係事務所窓口。昭和46年８月１日

▼205

206　三池炭鉱躍進大運動会。仮装行列。昭和52年３月27日

▶207

▶208

207・208　三池炭鉱躍進大運動会。仮装行列。昭和56年 3 月22日

◀209

◀210

209・210　三池炭鉱躍進大運動会。仮装行列。昭和56年３月22日

▼211

211　三池炭鉱躍進大運動会。採炭機械を引っぱる仮装。荒尾市大島四山グランド。昭和52年３月27日

◀
212

◀
213

212・213　三池炭鉱躍進大運動会。応援団。荒尾市大島四山グランド。昭和52年３月27日

映画ロケ

▼214

214　松竹映画「街の灯」（監督・森崎東）のロケが旧四山坑であった。俳優は笠智衆、堺正章、栗田ひろみ、浅沼まゆみ。四山坑竪坑櫓の下。荒尾市大島。昭和49年４月９日

▼216

215・216　松竹映画「街の灯」のロケ。俳優笠智衆が竪坑櫓の中段のところで演技をしている。荒尾市大島。昭和49年４月９日

217　松竹映画「街の灯」のロケ。俳優は堺正章、浅沼まゆみ、栗田ひろみ。旧四山坑の資材置場で写す。押しているのは坑木台車、後ろに社宅の屋根が見える。荒尾市大島。昭和49年4月9日

山の神さま

▼218

218　元柳河藩家老小野春信の墓。大牟田市岩本、慧日寺。平成４年５月10日

▼219

219　藤本傳吾の墓。大牟田市新町、三池円福寺山。平成４年５月10日

220　奉納　一丁玉鑛夫社宅婦人会（宮原社宅のことを昔は一丁玉納屋といっていた）。大牟田市宮原社宅、山ノ神社の旗竿石。昭和45年11月１日

221　寄進運搬甲方受賞記念。大牟田市宮原社宅、山ノ神社の旗竿石。昭和45年11月１日

▲221

▲220

▼223

223　四山坑山ノ神祠。１月５日は初出勤で安全祈願祭が山ノ神祠であった。鳥居とのぼりの間に竪坑櫓を入れて撮ってみた。珍しく雪が積もっていた。四山はその名が示す通り、県境をまたがる四つの山＝北から二頭山、山神山、穂塩（ほしお）山、笹原山＝に由来する。県境は山神山。境山の別名がある。笹原山頂の四山神社（こくんぞ＝虚空蔵さん）は商売の神さまで有名。荒尾市大島山神山。昭和45年１月５日

▼222

222　萬田採鑛夫氏子中。万田社宅の山ノ神には、採鑛夫によって、鳥居が献納された。大正５年11月起工。平成元年２月13日

▼225

225　中村松次郎の墓。明治41年（1908）、元の三井工業学校の寄宿舎付近を整理中に墓が出てきたので、現在地に移した。大牟田市竜湖瀬町、竜湖瀬墓地。平成４年５月10日

▼224

224　中村松次郎の供養碑。慶応４年（1868・明治元年）小浦坑で坑内事故があって大勢の坑夫が死亡した。その日が松次郎が自殺した命日であったので、坑夫は誰一人入坑しなかった。そこで関係者は驚いて松次郎の大供養を営んだという。小浦坑の前に供養碑が建立された。供養碑は、昭和10年（1935）八尻町の宗慶寺に移された。大牟田市八尻町、宗慶寺。平成４年４月17日

▼226

226　解脱塔。三池炭鉱の坑内で罪のつぐないとして働かされ、坑内事故や病気で亡くなった人たちの供養塔である。高さ3.5m、幅40cmの石碑。「解脱」とは死霊が地獄の苦しみを脱して浮かぶこと。大牟田市新勝立町。昭和44年1月1日

▼227

227　「解脱塔」の背面に「明治二十一年八月三池集治監吏員立之」の文字が刻まれている。大牟田市新勝立町。昭和44年1月1日

三井三池炭鉱史

一　石炭の発見

三池炭鉱の起源についてはさだかでない点が多い。今からおよそ五〇〇年前の文明元年（一四六九）正月一五日に三池郡稲荷村（とうかむら・福岡県）の老農夫、傳治左衛門が稲荷山へ薪を取りに行って焚き火をしていて黒い石が燃え出したのが、「燃える石」即ち石炭の発見とされている。これは安政六年（一八五九）の『石炭由来記』という記録に書かれている。

石炭発見のことは、発見者が通常の生活者ではなくキコリ、旅僧、落ち武者など社会的疎外者が多かったようだ。元来日本ではお灯明など上等な火と、松明など下等な火とに分ける習俗があった。石炭の火も長い間、新参の下等な火として差別されていて、発見者の身分も、その差別の反映ではないかとおもわれる。

宇部炭田の発見が延宝年間（一六七三〜八〇）、筑豊炭田が元禄一五年（一七〇二）、長崎県高島が宝永年間（一七〇四〜一一）、佐賀県唐津炭田が享保年間（一七一六〜三五）、福岡県粕谷炭田が天保一二年（一八四一）と伝えられ、茨城炭田が嘉永六年（一八五三）、北海道釧路地方の炭田は寛政一一年（一七九九）であるから三池炭鉱がわが国最古であったといわれる。

二　自由採掘時代の三池炭鉱

享保六年（一七二一）、柳河藩家老小野春信が、藩政の功により平野山を賜り、同年一一月この地に石炭採掘を始めた。石炭発見より凡そ二五〇年後のことである。文明元年の石炭発見より享保六年まで凡そ二五〇年間がいわゆる自由採掘時代であった。

近くの住民たちは、山で薪をとるように、自家用として勝手に必要なだけ掘っていた。後には地表だけでなく、地下に掘り下げて行くようになり、井戸掘り式間部（まぶ・坑口または坑内の意）ができた。初期の、井戸式間部は、「四角に穴を掘り下げ、四角に柱を立て、柱と柱を梁で以って支え、空間に土や石のはみ出ないように柴やその小木を網のように括りつけて最も厳重に造作をする。」（三池時報）

その次に横穴式の間部が出来るようになったが、狸掘りの採炭方式でしかなかった。農家で炊事などの日常生活に石炭が使われるようになっていたようで、石炭は欠かせない燃料になっていたとおもわれる。採掘は農民の片手間仕事であった。

当時の石炭の名称は次の通り。

燃え石・いしずみ・からすいし・しったん・煤炭・石黒・鉄灰・焦石・あぶらいし・いつき・うに・いしうに・ちぢみうに・つちうに・わたうに・きうに・竹うに・たきいし・いわしば・明煤（かたまり）・砕煤（くだけ）・末煤（このごとき）・馬石。

石炭（せきたん）と音読をしたのは、一七五一年の雲根志における木内小繁であるという。そして、焦煤（コークス）のことをガラ、焼き石と呼んでいた。

三　藩営時代の三池炭鉱

享保六年、柳河藩家老小野春信が平野山に大規模な間部の経営を始めた。しかしこれは小野家の私有炭山としてである。これが三池における炭山経営のはじまりといわれる。

三池藩が藩営鉱山として稲荷山の炭山経営にのりだすのは寛政二年（一七九〇）のことであった。三池藩は嘉永六年（一八五三）に生山坑（いもうやまこう）を開いた。当時の三池炭山というのは、稲荷山（三池藩）、生山（三池藩）、平野山（小野家）の三山の総称であった。

明和年間（一七六四〜七二）に三池藩の一百姓である、農夫松次郎は稲荷山で露頭になっているボタ山を見て、石炭はこればかりではあるまいと下部に向かって掘り、初めて上石（上質）の石炭を掘った。いまの世にたとえるなら、技術革新の先駆者である。此処が後の小浦坑であった。自己所有の田畑を売って資金を作り本格的に採炭を営業化した。

採掘した石炭は筑後柳河の瓦焼用、肥後長洲方面の製塩用に販路を広めた。しかし三池藩は財政が苦しかったので、一百姓の私すべきでないと無償で没収してしまった。松次郎は百方嘆願し、庄屋を通じて運動したが容れられず、失望落胆の果て発狂して、明和三年（一七六六）に鎌を振るって自殺したといわれる。藩は小浦坑を取り上げた代替えとして亀谷（がめんたに）の水田五反歩を与えたといわれている。

ところで間部経営の増加するにつれて、間部相互間の問題が多くなった。盗掘なども行われ、殊に柳河藩小野家経営の平野山と三池藩領たる稲荷山との境界あらそいは三池藩も始末に困ったようである。

三池藩主立花種周は、自領稲荷山における間部を統制するとともに、柳河藩領たる平野山との紛争防止のため石山御用掛、石山御目付をおき、寛政三年（一七九一）一月二六日、石山法度（石炭の条令）を布告して、採炭、販売部門まで積極的な統制に乗り出した。当時の経営は藩営といっても請負制度をとっていたようで、藩は請け元から採炭量に応じて運上銀（税金の一部）をとって監督だけをしていた。

文化三年（一八〇六）六月、三池藩主立花種周は幕府の忌諱にふれて奥州下手渡（福島県）に国替えを命じられ、同六年当地で死去した。国替え後、三池藩は天領となり、日田代官（大分県）の支配するところとなった。日田代官が支配した約一〇年間の炭山経営方針は、三池藩のそれをそのまま受け継いでいる。しかし石山御用掛や石山御目付はおかず、運上銀を上納させるだけであった。

同一三年（一八一六）八月、この天領が柳河藩主立花監壽にお預けとなってからは、柳河藩主が直接監督することになった。

この時代になると石炭の需要も増加し、炭山経営の利益は増大した。しかしその半面炭山の経営者間に利益争奪の醜悪なる闘争が展開されるにいたった。

初期の請け元には主として稲荷村塚本七右衛門およびその子茂作、三池新町八百屋幸次郎（古賀幸次郎）等がいた。後の請け元として稲荷村塚本忠次郎（茂作の子）、これについで三池新町藤本傳吾がいた。後両名の間に石炭採掘のことで猛烈な競争が起こり、遂に傳吾の勢力は忠次郎を圧倒して独占するに至った。当時傳吾の勢力は莫大なもので、一躍石炭長者として地元民羨望の的となり、ヤマへ行くのに駕籠で出勤する。駕籠の中から五匁札や一匁札などをばら撒くという派出者で土地の人たちは土下座して殿様扱いにしていた。当時の唄にうたわれている。

三池よいとこ、殿様間部は間切り千両のツルの音
傳吾様には及びもないが、せめてなりたや殿様に

このように経営者間の競争が激しかったということは、炭山経営が有利な事業になっていたということの証明にもなる。越えて嘉永三年（一八五〇）奥州への移封より四〇数年の後、下手渡藩主立花種恭は旧領三池のうち五カ村（今寺、新町、稲荷、壱部、下里）五千石余を復せ

られ、翌四年三池に帰還した。この復封については藩臣の猛烈な運動が行われている。塚本源吾はひそかに倉庫を開き巨万の財宝を携えて江戸へ出発し、藩主及び藩臣の生活困難の惨事を訴え、幕府の要路に面接して賄うに大金を呈し、復封のことを哀願した。旧領の残り一二カ村（南大牟田、下二部、櫟野、教楽木、馬籠、片平、勝立、藤田、船津、加納、早米来、臼井）は依然幕領（天領）として柳河藩の預かるところであった。三池郡七二カ村は柳河領（五五カ村）、天領（一二カ村）、三池領（五カ村）の三領分治のまま明治維新となった。幕末における藩財政の窮乏は一般的であった。殊に三池藩においては下手渡移封以来、藩財政は窮迫を告げていた。しかし各藩とも自領内の商業資本未成熟のため、国産会所を通じて商品の生産及び流通部門に乗り出し、藩財政の確立を図った。

当時有利な事業となっていた炭山経営に諸藩が注目するのは当然のことであった。三池藩も三池復封後、石炭採掘に積極的に乗り出すことになった。この機会に「塚本忠次郎、古賀幸次郎の両名は、藤本傳吾によって独占の形になっていた採炭請負を出願した。嘉永五年（一八五二）三月から、石炭山下世話方という名儀のもとに旧に復することになった」（三池港務所沿革史）。かくのごとく経験者を利用して採炭事業の発展を図った。この下世話方は後述のごとき藩直営になっても引き続き存在した。かくて数年を経た安政の初期（一八五五年頃）焚石山役所を創設することになった。これに石山御用掛と石山御目付をおき他の行政機関より完全に独占させた。この山役所は更に元治元年（一八六四）に至ってその職制を拡充し、採炭事業の完備を図った。三池藩が生山において採炭に着手したのもこの頃であった。

山役所の創設後万延元年（一八六〇）浜役所（石炭の販売、運送等をした所）が設置され三池藩直営になった。藤本傳吾は石炭山を追われて、弘化二年（一八四五）五八歳で没した。

藩営時代の採炭方法は、地表の露頭部を掘り、後では横坑も開いた。採炭用具はツルハシを使用し、岩盤にはクダノミを用い、切羽で採掘された石炭は、坑口までザルと天秤棒ではこばれた。坑口にはシバサシ（検炭係）がいて数量を調べた。検炭の終わった石炭は一応ウチタテバ（貯炭場）に貯炭し、そこから馬や大八車で浜の方へ運んだ。馬で運ぶのは、農閑期に農民たちが請け負いで従事したようである。

藩営時代の出炭高は柳河藩平野山（小野家）の場合、明治四年（一八七一）約二万六〇〇〇トン、三池藩稲荷山で明治六年（一八七三）約三万三〇〇〇トンである。

藩営時代の労働者の状態は文字通り肉体的重労働であった。

その頃の職名は次の通りであった。

一、　頭取り（小頭格で従業員中主きをなす）
二、　穿子（ホリコ、採炭先山夫）或いは穿方
三、　荷夫（ニナイフ、採炭後山夫）或いは荷夫
四、　日雇い
五、　油方（照明用の油係）
六、　石取り（岩石かたづけ人夫）
七、　水方（排水係、水車夫）
八、　ふろ焚き
九、　賓数（ヒンズ、雑役夫）
一〇、水車繕大工
一一、打立落とし（貯炭場の炭掻き人夫）
一二、石番（貯炭場の番人）
一三、手代（今の書記）

両藩の合計労働者数は凡そ一五〇〇人ぐらいいたと思われる。藩営時代の石炭販売は、瀬戸内海あるいは肥後方面における製塩用に用いられ、更に幕府による軍事工業の発展により石炭の需要がのびてきた。

安政元年（一八五四）幕府の日田代官へ反射炉用として一〇万斤を納入した。柳河藩（小野家）が享保六年（一七二一）平野山で採掘を開始して、百数十年を経た嘉永六年（一八五三）三池藩は生山で開坑したが両藩の境界争いが絶えなかった。

明治政府はわが国における基礎産業である石炭産業を、近代的方式によって拡大強化するため、石炭採掘業の民営化は資本の不足、技術の立ち遅れによってただちに近代的生産方式を採用することを不可能にしたのである。従って、その他の諸産業におけると同様に、政府の力が加えられねばならなくなった。

明治五年（一八七二）正月、生山と平野山の両山は、安政以来の協定を破って紛争を再発させた。そこで同年四月、三潴県は稲荷山および平野山にそれぞれ紛争を起こさせないように達すると共に、工部省に対し、速やかに官員を派遣して現地調査の上、官収にされるよう上申した。そこで政府は、明治六年（一八七三）五月鉱山大属小林秀知を派遣して現地を視察させた。小林は「到底一山両主ノ和解併立スルベカラズ地勢ト事情トナルヲ以

テ之ヲ官収スベキヲ復命」したのである。

前述のごとく、時の情勢は主要鉱山の官収に向かっているおりから、両山の官収にとって、この上なき理由となったのである。ついに同六年九月五日、享保六年以来一五二年続いた藩営三池炭鉱は官営となった。

官収時の下附金

三池藩	二六、〇九一円六五銭二厘
平野炭坑	一五、〇〇〇円
小野隆基	一五、〇〇〇円

明治七年四月建物、什器を献納した代金

下附金については、平野山は小野家の個人経営であったから問題はなかったが、三池藩にとっては重大問題となった。分配する者と預金を希望するものとに分かれた。しかし、結局預金する事に決定した。当時柳河に士族たちが経営する興産義社というのがあって、海産物の販売や金融業を営んでいた。この興産義社へ預金した。そして間もなく核社は破産した。三池藩関係の稲荷坑、生山坑の人たちは無一文になったということである。

四　官営時代の三池炭鉱

1　官業初期

明治六年（一八七三）、官営になってから政府の鉱山寮は外国人技師ゴットフレーに三池炭山の点検をしてもらったところ、資金四万円を超過したなら収支償わぬと報告したため、鉱山寮の空気は一変して、同年一二月に「三池は再び民業に移るかもしれぬ。旧稼主の負債、そのほかはしばらく見合わせよ」との指令を出した。この指令に驚いた鉱山寮は、同八年（一八七五）五月、三池炭山は生野鉱山の付属にしてはとの意見が出た。そこで小林は生野鉱山支庁の傭の仏人ムーセに来山してもらい点検してもらったところ、こんどはゴットフレーと違って四万円出しても採算はとれると報告したので、官営で同二一年（一八八八）まで一五年間続けられた。以上の経緯があった。

同六年九月官収した当時工部省鉱山寮が稼動していたのは大浦、小浦、風抜、梅谷、生山、櫨谷、龍湖瀬、長谷、中小浦、木谷、鳥居の一一坑であって、その下半期の採炭量は合計五一四七万一五〇七斤即ち約三万トンで、使用労働者は延べ人員一二万一四八〇人であった。当時の単価は一万斤（六トン）上層塊炭一六円、同粉炭八円、盤下塊炭一四円、同粉炭六円五〇銭内外であった。

その販路は地元三池、横須、大牟田が主であったが関西、中国筋の塩浜には団平船（石炭運搬船）で島原を経由して転送されていた。これが官営当初半年の情勢であった。

明治九年（一八七六）の坑所名は左の二二坑であった。

大浦、中小浦、小浦、風抜、鳥居、梅谷、長谷、本谷、生山、炉谷、龍湖瀬、満谷、西谷、岩戸、中ノ口、大谷、清水谷、小谷、門口、旧稲荷、七浦、宮浦。

2 囚人労働

三池炭鉱では、囚人（懲役人）を明治六年（一八七三）から昭和五年（一九三〇）まで囚人労働者として使用して来た。明治六年官営へ移行して急速に増大する需要に応ずるため、最初の問題は労働者の確保であった。その頃は、どこの官営企業でも同じことだったろうが、官営三池炭鉱がまずぶつかった難問題の一つが、必要とする労働力をどうやって調達するか、ということであった。その頃炭鉱などに働きにやってくる者はといえば、余程食い詰めた人間か、あるいはまだ大手をふって行われていた人買いや、人さらいなどの手で拉致されてきた者か、それとも無頼者などごく一部の人間に限られていた。なかには近傍の農民の姿が見られたもののそれは農閑期だけで、農繁期となればさっさとヤマから姿を消していった。

そんなことから、その労働者はきわめて不安定なものであった。それで炭鉱の仕事といえば、四六時中死と紙一重という危険がつきまとって離れない。だから炭鉱労働者が当時から「間部（まぶ）間部」と蔑まされ、「人間などが働くところではない」とされていたのも、当然なことだったかもしれない。

このような事情からすれば、「巨大な石炭産業の急速なる創出に応じるだけの、大量の労働力を確保することは容易ではなかった」（『大牟田産業経済の沿革と現況』）はずだ。維新政府が、また官営三池炭鉱が囚人労働に目をつけたのも自然の成り行きであった。囚人労働が始まったのは同六年、三潴県の囚人五〇人が龍湖瀬坑から大牟田川まで石炭運搬の苦役に駆り立てられた。同八年（一八七五）四月には、官営三池炭鉱（官名〝三池鉱山支庁〟）は九州の各県に対して、それぞれの県の囚人を三池炭鉱の苦役に派遣するように、と要請した。だが、各県は腰が重く、すぐには派遣して来なかった。それでもその年の一〇月には福岡県が、また翌九年（一八七六）の四月には熊本県が、あい次いで自県監獄の囚人五〇人ずつを鉱山労働者に仕立てて、三池炭鉱の苦役に投入してきた。はじめは、官営三池炭鉱の要請にすぐ応えることをためらったものの、維新政府の施策に対する不平武士らの反乱や農民・労働者の騒擾が激しい勢いで全国に広がり、激増してゆく囚人の処置が各県で大問題になってきたものと思える。現に西南戦争が勃発した同一〇年（一八七七）には、三〇〇〇人が参加した阿蘇谷の農民の蜂起など、熊本県だけでさえ三一件もの農民騒擾が記録されている。福岡県と熊本県が、あい次いで囚人労働者を三池炭鉱の苦役に投入してきた背景が、まさにそこにある。

福岡県の囚人労働者は長谷坑の採炭に、また熊本県の囚人労働者は大浦坑の採炭に、とそれぞれ過酷きわまる苦役に駆り立てられて行くことになる。

腰から大小をもぎとられた武士らの反乱が頻発した。維新政府の手で強められてゆく、天皇絶対主義政治施策に対して募っていた不平不満が、そのときいっきに爆発したのであった。物情騒然としてきた、官営三池炭鉱の周辺。世の乱れが囚人労働者の間にも波及して来かねないことを恐れた福岡・熊本両県は、それぞれの囚人労働者を三池炭鉱から本監へ引き揚げた。しかし、さしもの戦火が南の方へ遠のいて行くにつれ、まず福岡県の囚人労働者が再び来山。数年後には熊本県の囚人労働者が、こんどは大挙二〇〇人の勢力となって駆り立てられてきた。そこへ長崎県と佐賀県の囚人労働者が加わって来た。

こうして、官営三池炭鉱の囚人労働者は急速に増え、今やその中核的な労働力として日ごとに不動の地位を占めていった。

その頃はすでに、三潴県の囚人労働者は、県が福岡県に合併された結果その姿を消していたものの、同六年わずか五〇人でスタートした官営三池炭鉱の囚人労働者数は同一三年（一八八〇）に、福岡県のそれが三三〇人、長崎県が三〇〇人、熊本県が二〇〇人で、その総計はなんと八三〇人にのぼっている。それに比べれば、当時良民坑夫の名で呼ばれていた一般の労働者は、同六年に一一九五人だった人が、同四四年（一九一一）には一一六一人と逆に減っている。では、石炭の年間出炭の推移はどうか。同六年にわずか三〇六三トンに過ぎなかったのが、同一四年（一八八一）に一六万三六一二トンと、激しい上昇ぶりである。その後前期の佐賀の囚人労働者が加わって来るのだが、以上の事実から、月ごと年ごとに数を増やして駆り立てられて来る囚人労働者こそが、まさに官営三池炭鉱の生産をささえる労働者として、絶対不可欠な存在となっていったことをだれも疑うことができなかった。

記録によれば、福岡県は筑後国三池郡平野村字散田というところに囚人監舎を建造、そこに福岡県三池監獄（初めは三池懲役場と呼んでいた）を設置した。また熊本県は大牟田村の宮浦に、新しく熊本県監獄三池出張所を設け、長崎県は三池郡稲荷村字亀谷に長崎県監獄三池懲役場を置き、苦役の場の切羽も長谷坑から大浦坑へと次々に広がって行った。いわば非情にも囚人労働は、重い、あの鉄の鎖の音を響かせながら、今の竜湖瀬町一帯にわたって繰り広げられていったのである。

囚人の着ている着物といえば揃いの柿色。丈の短い筒袖の上衣に、これまた同じ柿色の股引。顔は深編笠でかくし、足は草履ばき、その両足にまるで食いこむようにして、重たそうな鉄の鎖ががんじがらめにまきつき、両足を一つにつないでいた。遠くにいてさえ、ジャラジャラ聞こえてくる奇妙な金属音は、実は彼らが歩くたびに放つ鎖の音だったのである。彼らは、重いその鎖をひきずりひきずり、龍湖瀬坑の坑底から吐き出してくる石炭の荷役作業に立ち働いているところだったのである。ある者は、石炭を山盛りに入れたザルを天秤棒で肩にかつぎ、坑口からつい近くにある打ち立場（貯炭場）まで運んでいた。ある者は二人がひと組になり、石炭を山と積んだ大八車を曳きながら、列をつくり、大牟田川に設けられている船着場まで運んで行った。それは、今から一〇〇年以上も前の話である。官営三池炭鉱を直接経営する三池鉱山分局は、上司の太政官に対して大牟田に集治監を建設したいという考えを建議した。荒々しい足どりで経営規模を拡大して行く三池炭鉱の労働力として、その頃すでに同炭鉱に投入されていた福岡、熊本、長崎の囚人労働者くらいではとても足りない、ということであった。このことについて、工部省沿革報告はその一節で次のように述べている。「……従来ノ経験ヲ顧ミルニ近傍農民ハ農事ノ間隙ヲ以テスルヲ専ラ之ヲ使役スルヲ得ズ。先年来近県ノ囚徒ヲ役セルニ彼此便益ヲ以テ近傍ニ一ツノ集治監ヲ建設シ中国、四国、九州各県ノ囚徒二千人許ヲ駆テ之ヲ使役セバ其ノ益大ナルヲ分局ヨリ本省ニ要請ス」。工部省の許可があり、明治一六年（一八八三）四月一四日、巨大な規模の三池集治監は発足した。初代典獄は、内務一等官槻原島文であった。場所は、筑後国三池郡下里村（さがりむら）一五六四番地。今でいえば、大牟田市上官町四丁目七番地。福岡県立三池工業高校こそその跡である。

　三池炭鉱が同二二年（一八八九）から三井の手に移った後もなお、来る日も来る日も、あの苛酷な苦役が待つ真っ暗な坑内の採炭切羽へと駆り立てられて行くのに、官営時代と何の変わるところはなかった。福岡県は同二三年（一八九〇）に、その囚人労働者を本監に引き揚げた。熊本県が同三五年（一九〇二）に本監に去って行った後、三池集治監囚人労働者だけとなった。そして彼らの最後のヤマこそ、宮原坑だったのである。宮原坑を、宮原坑と呼ぶ人はほとんどいない。「シラコ」が通称である。それは、修羅坑の意味だと聞いている。同三六年（一九〇三）三池集治監は三池監獄と改称し、さらに大正一一年（一九二二）三池刑務所と改称されて、集治監の名称はなくなった。

　収容囚徒数の推移をみると次の如くである。

明治一七年（一八八四）	末現在	六六六人
〃　一八年（一八八五）	〃	七五六〃
〃　一九年（一八八六）	〃	八六四〃
〃　二〇年（一八八七）	〃	一、一二九〃
明治二一年（一八八八）	末現在	一、四六三〃

また明治二一年における囚徒の内訳は次の如くであった。

1	三池集治監	囚徒数	一、四六三名
2	福岡県三池監獄	〃	四六〇〃
3	熊本県監獄三池出張所	〃	二二一〃
	合　計	〃	二、一四四〃

　これらの囚人労働者が採炭労働の中核となっていた。集治監囚徒のみにても、総労働者中に占める比重は、明治一七年二八％、同一九年三二％、同二一年には四七％と上昇している。総囚徒数の判明する二一年度についてみると、総囚徒の比重は六九％という大きさであり、いかに囚人労働の役割が大であったかを知ることができる。これら囚徒の使役監督は困難であった。しかし明治一六年九月大浦坑内における熊本県囚徒の暴行ならびに翌一七年三月七浦坑における暴行事件はその理由が詳でないにしてもただ単に無頼の徒の暴挙とのみ速断することはできず、所謂経済外的強制にたいする不満があったことも見逃し得ないであろう。

　「明治一六年九月二三日一昨日午後七時三〇分大浦坑内就役ノ熊本県囚徒局員下掛ニムカッテ暴行シ機械胴縦

柱ニ油ヲ注キ火ヲ放チ石炭ニ延焼シ坑内総テ烟蒸ス此時坑内就役夫三九五人（中ニ就イテ福岡県囚徒六〇人長崎県同四一人熊本県同七七人常人二一七人ナリ）馬二六頭下掛三名ナリ囚徒ノ暴動ヲ聞クヤ直チニ坑外ニ遁レ出ルアリ濃煙ニ遮断セラルルアリ此ニ於テ旧坑口ノ火濾ニ火ヲ点シ其煙気ヲ坑外ニ放出シ稍ヤ烟気ノ稀薄ナルヲ得少シク坑内ノ通路開クルヲ以テ坑夫数十名馬一三頭ヲ救出シ下掛三名モ亦僅ニ脱出ス、シカシテナオ若干ノ坑夫火烟中ニ在ルアリ（後此ヲ調査スルニ常民坑夫二二名、囚徒二四名、馬一三頭ナリ）ト雖シカモ捜索救出スルノ途ナクシテ火気益ス蔓延ス此ニ至ッテ坑内ノ空気流通ヲ止メ此ヲ防グノ外策ナキヲモッテ本日午前一時ニ至ッテ坑口密閉ニ着手シ午後六時ニ至リ全ク密閉セリ」（「工部省沿革報告」）

この大浦坑の災害は非常なもので、開坑するまでには凡そ一年を要し、翌一七年七月に至って漸く開坑するという有様であった。しかしてこれらの暴挙に備えるには、従来の警備巡査および坑内取締、下掛では不十分で、これを強化する必要があった。そこでそれらの巡査、下掛を廃して新たに巡視四〇名（日給五〇銭以下）を傭い監督の強化を図った。

日ごとに発展を遂げて行く三井三池炭鉱の生産、その規模、荒々しい足取りで進められて行く生産過程、労働過程の機械化・動力化。

そんなはげしい変貌のなかで、一〇年一日のようにツルハシとショベルで石炭を掘り、天秤棒とザルを使いながら運搬するという昔の労働形態から一歩も踏み出すことができないままにうちつづいてきた囚人労働であった。囚人労働は技術をまかせることのできる性質の労働力ではなかったため、昭和五年（一九三〇）一二月限り、三池炭鉱で囚人労働は廃止となり、その悲惨だった幕を閉じた。

囚人が出役したヤマは龍湖瀬坑、大浦坑、宮浦坑、七浦坑、勝立坑、宮原坑の六坑であった。その名残の高い塀が福岡県立三池工業高校に今も残っている。

大正一〇年（一九二一）頃の話である。春になって暖かくなれば野山にわらびが芽吹くので、女坑夫をしていた上田さんは社宅のおかみさんたちと勝立方面にわらび採りに行っていた。途中に囚人墓地がところどころにあった。木と石の墓標であり、服役囚の墓標には鉄鎖を巻きつけてあった、放免囚の墓標には巻いてなかった。服役囚は死後も罪のつぐないをしなければならなかった。

この人たちは生前に罪を犯し、そのため生きていた間じゅう、三池炭鉱の坑内で罪のつぐないとして働かされ、たとえ死んでもその遺体をひき取る家族もなく、山中にそのまま棄て去られていた人々と聞いている。

3　納屋制度

①　納屋制度とは

昔は、「納屋制度」とよばれるものがあった。これは一種の採炭下請制度で、請負業者に坑夫の手配から採炭までの一切を請け負わせたものである。官営三池炭鉱では、その当初から納屋制度が採用されていたようである。

納屋制度の起源は、江戸時代の藩営専売制下の採炭請元制度に求められる。福岡・三池などの諸藩は採掘責任請負制を採用し、採炭請元に食料・賃金を前貸しして藩内の採炭作業を請け負わせた。このような制度は請元の坑夫に対する絶対権限を生じるとともに、賃金・食料の分配は坑夫の奴隷性を強め、採炭請元が坑夫の全生活を支配する傾向を生んだ。炭鉱業の繁栄に伴って専業坑夫が増えれば、とうぜん、飯場が採用されることになってくる。飯場は山間僻地の鉱山や土木工事現場などで大勢の労働者を使役する場合に用いるもので、食料・寝具・工具など一切を貸与し共同炊事による一種の合宿が行われた。

坑夫は身一つで来ればよく、住所や食事の心配をする心配がなかった。こうした便利さが労働力の大量募集を可能にした。この飯場制度の持つ利点と採炭請負制度をあわせたものが、納屋制度である。明治以後の急速な石炭業の発展に伴い、納屋制度は労働力を大量に確保し出炭高を増やす手段として、筑豊を中心に九州各地の炭田で発達した。

②　三井経営下の納屋制度

三井経営初期、三池炭鉱の坑夫募集は三種類あった。坑夫が自ら志願してくる「直入」と社員派出による募集坑夫は炭礦社直轄坑夫となり、募集請負人が募集した坑夫は募集人（納屋頭）手持ち坑夫となった。坑夫はまた、年期を定めて雇傭される条約夫（じょうやくふ）と臨時雇傭の非条約夫に分けられていた。両者は待遇その他の面でかなり違いがみられる。納屋頭手持ち坑夫は非条約夫であり、官営時代からの引き続きであった。彼らの九割までが九州一円から募集されてきていた。なかには関西方面から来た者もいた。しかもほとんど誘拐同様にして連れて来られていた。

募集坑夫が入って来ると、独身者の坑夫はすべて納屋に入り、夫婦者はいわゆる小納屋と称する棟割り長屋の一軒を与えられるのであるが、いずれも納屋制度が行われている限り、納屋頭の統率下に入り、納屋頭およびその部下の督励のもとに稼動するのである。この督励が、暴力を背景とするものであることはいうまでもない。

納屋頭（親方）とその子方たる労働者との間の労働条件は何もなく、子方は親方の督励により出来る限り労働の強化を強いられ、そして、納屋頭は配下坑夫の賃金を一括して会社より受け取り、文字通り汗と膏の結晶というべき賃金は、納屋頭により中間搾取されていたのである。この中間搾取が「頭はね」もしくは「ピンはね」と呼ばれるものであった。納屋頭から子方たる坑夫への賃金の支払いは、年二回（盆前と年末）とされていた。このため坑夫はその間どれ程の労働をしたか、どれ程の飲食をしたか記憶していないので、納屋頭からごまかされていた。坑夫のほとんどすべてのものが、無学文盲のため記録も計算もできなかった。そのような支払方式のもとで、納屋頭の不正がたやすく行われ易かった。

親方の呼称として、「坑夫小屋世話人」→「納屋世話人」→「長屋世話人」→「本坑小頭」→「総代人」など幾多の変遷を経ているようである。

炭鉱の賃金制度は、時間給（定額払）と出来高払給（稼高払）の両者に大別され、時としてこの両者は混在もする。炭鉱の基本的賃金制度である出来高給（稼高給）制は複雑であった。

坑内では採炭工、堀進工、運搬工など賃金支払いの代表であった。この制度は閉山まで続けられた。

③　諸式屋

坑夫は会社で設置した売勘場（ばいかんば）と呼ばれている売店で、一日の賃金にみあった額の品物を通帳で買い、「金受け」という賃金支払い日には、その購入した額を差引いた額の賃金の支給を受けるのが通常であった。

また各納屋に散在した「諸式屋」という店を利用することが多かった。諸式屋は、売勘場と同じ日用品から食料品にいたるまで、坑夫たちの生活必需品の販売を行っていた。金銭の融通もしていた。しかし、これも坑夫たちの稼動日数を「着到調べ」といって調べて、それにみあった額の物品貸与と金銭融通をしていた。そのために、融通資金と物品掛売代金の回収の便法として、この「諸式屋」が「坑夫賃銭受取方の委任」をうけることがしばしばあった。稼動日数は坑口近くに会社の「着到場」があって賃金の計算をしていた、後に着到場は「給与室」と名称が変わった。

諸式屋は食料品のほか、ふとん、蚊帳、枕など何でも貸していた。金を貸す場合は「うつかぎ銭」の方法で貸していた。うつかぎ銭とは、例えば一〇円借りたら利子を前取りして八円しか渡さない、利子は期限を一時間でも過ぎておれば一月分の利子を取られた。夜遅く金を払いに行き店が閉まっていたらおしまい。

諸式屋は万田坑の近くには倉掛通りと桜町に一七軒あったと聞いている。宮原坑の一丁玉納屋（後で宮原社宅と名称が変わった）では六店あったと、女坑夫をしていた上田ヨシさん（仮名。明治三〇年〈一八九七〉生）が言っていた。

一丁玉納屋にあった諸式屋の店名*

天保十衛門
三池さん
山崎さん
原さん
光衛門さん
三角屋さん

* 三池刑務所の囚人たちは、刑期を終えてから宮原社宅の近くで商売を始めた人もいた。

納屋制度は三池炭鉱では明治四四年（一九一一）頃廃止されている。

④　万田の納屋

「明治三六年（一九〇三）、このごろは、資本主義の発達と共に、会社や工場で働く労働者の住まいとして、粗末な飯場や納屋や寄宿舎が建てられるのが普通であった。

そこで、この年、万田坑では、すぐ近くの東側に宅地を開いて、そこにぎっしりと二〇棟ほどの納屋が建てられた。これが土手町と仲町で、すべて棟割長屋になっており、一棟が一四軒にも分かれているものがあって、一軒は四畳半か、せいぜい六畳の一部屋で、窓といえば『しとみ』のように、蝶番でつるした板戸という粗末さであった。

また炭礦社では、食料品・家具・衣類・日用品などを売る店を設け、坑夫は通帳で買えるようにした。この店は、売勘場と呼ばれ、構内の北、桜町に近い方に建てられていた。給料日になると、主婦たちはよく笊を天秤棒で荷って『金受け』に行き、売勘場で買い物をしていた。このごろ、納屋に住む坑夫とその家族は、一三五二人になっていた。

それで、炭礦社の給料日になると、万田坑正門前の空地に、にぎやかな市が立つようになった。『金受市』である。

明治三七年（一九〇四）一一月、三井専用線では万田坑と四山との間に松葉－甲根－穴田－太郎丸－西が峰－西原－中牟田－溝口－内屋敷－山下－北平を通る、三井の専用線が開通した。蒸気機関車が石炭を積んだ貨車を牽引した。

このごろ、万田坑では、通町に一七棟、山上町に一一棟、宮坂町に九棟の納屋が建てられた。こうした納屋は、これから建て続けられた。そこで、炭礦社では、従業員の福利施設として星ケ谷に、万田坑納屋の、尋常科（一年から四年まで）の児童一〇四名を受け入れるため、二学級分の万田炭坑納屋分教場を建てている。

四月一四日、その開場式が行われている。ここの児童は、学用品も会社から支給された。」（麦田静雄『荒尾史話』三巻より）

⑤坑夫長屋

「大正二年（一九一三）四月ごろ、初め坑夫納屋次いで坑夫小屋と呼ばれた坑夫の住まいは、坑夫長屋と改められた

一、めいめいの家には、必ず仏壇を設けて、朝夕、祖先を拝むこと

二、役目や目上の人には敬礼をすること

三、毎朝、事務所から出勤をすすめに回って来るから、その時刻には必ず家にいること

四、旅行をしようとする時は、事務所で許しを受けて旅券をもらうこと

五、家には、猫以外の鳥獣を飼わないこと

という規則が設けられた。

しかし、このように窮屈な規則に縛られるのを嫌って、中にはこっそり逃げ出す坑夫もいたので、休みの日など大牟田・万田・長洲の駅には、見張りが立ち番することもあった。それでも、坑夫の生活は一応安定し、特に万田坑では、初めから、人柄を厳選しただけに、長屋内での落し物など決してなくなることがなかったといわれた。

四月末で、万田坑の従業員は四八〇〇人に達していた。

このごろ、倉掛には、坑夫を客とする店が建ち並び、新しい商店街を造って行った。そして恐らくこのごろ、柳河の石橋某が、それまで時々かけ舞台のかかった倉掛に、芝居の常設館として〇〇座を建てた。これが、後の一丸館である。」（麦田静雄『荒尾史話』四巻より）

4　大牟田港築港

大牟田港は、市中を貫流する大牟田川河口を利用した河口港である。藩営の当初、石炭は大八車で大牟田川筋まで請負運搬されていた。官営になり明治一一年（一八七八）二月大浦坑より大牟田川口まで軽便馬車鉄道で運搬するようになった。これは日本で最初の鉄道敷設である。有明海は遠浅の上に干満の差が約六メートルといわれる。従って三－四万斤（一八トン－二四トン）積みの小型帆船に手積みされて、島原口ノ津などに一旦輸送され、そこで大型船に積み替えて各地に運送していた。同四二年（一九〇九）三池築港の開港まで役割は大きなものであった。

5　採炭技術近代化の促進

定着した低廉労働力を確保する一方その利用を効率化し、大量採炭の要請に応ずるため、次に起こる問題は事業場の拡大と機械化であらねばならなかった。

官営当時における事業拡張と機械化の推移を『大牟田産業経済の沿革と現況』年譜から摘録すれば次の通りである。

明治九年（一八七六）

一月　三ツ山竪坑開坑に着手（三池最初の竪坑で、同一〇年一二月完成）

五月　旧大浦坑溜水排水に水車とポンプを用いることを決議し、許可を得た。

一一月　安全灯百個を英国ジョンウエートに発注した。翌一〇年九月着荷した。

一二月　大浦新坑道（後の大浦第一坑）開坑に着手（一〇年八月着炭）一一年三月竣工。

明治一一年（一八七八）

二月　大浦坑より大牟田川口に至る馬車鉄道完成す。延長二四丁三六間の軽便馬車鉄道で、軌道は二〇インチ、馬に炭車四－五輌を連結して運転した。

三月　大浦坑に初めて木製炭函二百台新製す。大牟田川第一水門石炭搭載場付近に英国ヘンリーフリー社より購入の水圧式指針付自動秤量機を設置した。

六月　大浦坑汽力曳揚機設置なる。

七月　三池鉱山分局に電信分局を設け、八月より一般私報をも取り扱う。

八月　大浦斜坑曳揚機械および汽罐三基を使用開始し、出炭を始める。

明治一二年（一八七九）
五月　坑内採炭昼夜行業となる。
七月　七浦第一竪坑開坑に着手す（一五年六月完成）。
明治一五年（一八八二）
四月　七浦第二竪坑開坑に着手す（一六年六月完成）。
六月　七浦坑に初めて赤羽工作分局六フィート五吋ランカッシヤ汽罐三基を設置す。
一〇月　七浦第一坑坑底に、二四スペシャルポンプ二台を据え付く。
明治一六年（一八八三）
一月　七浦坑操業開始。七浦竪坑石炭捲揚機を北側に据え付け運転開始。
明治一七年（一八八四）
二月　七浦坑外に始めて蒸気動回転篩トロンメル式選炭機を設置す。
六月　七浦第三坑の開坑に着手す（一一月二三日着炭）。七浦坑二坑にキーパル式汽機付き一五立方フィート扇風機を設置し運転を開始す。当炭坑における最初の扇風機である。三池鉱山本局より七浦工場間に始めて電話開通す。
明治一八年（一八八五）
一一月　勝立第一竪坑開坑に着手。七浦坑にデフレンシャルポンプ一台使用す。七浦坑に蒸気曳揚機を設置す。
明治一九年（一八八六）
二月　早鐘竪坑開坑に着手す（二〇年八月完成す）。
明治二〇年（一八八七）
二月　宮原第一竪坑開坑に着手す（八月一七日着炭）。
明治二一年（一八八八）
三月　宮浦坑汽罐および竪坑捲揚機運転開始す（四月出炭操業開始）。
以上のように、官収以来、やつぎ早に事業場の拡張、排水、運搬の諸機械の多くは英国製品が多く、わが国で製作されたものは少なかった。また機械化については、官営移行初期に三池の地質調査に当たったゴットフレー等外人技術家の指導に俟つところもまた大であったことは銘記すべきである。

6　三井物産の販売掌握

石炭販売については、官収後は鉱山支庁によって直売されるようになった。しかし地元の販売は、藩営時代に引き続き、石炭問屋としては下里村には橋本屋忠助、幸屋金左衛門がおり、大牟田村には諸国屋孫次郎、万屋三代太郎、後に長門屋光右衛門などに販売させた。大牟田川河口の横須村には船改所としての竜宮番所があった。各地の石炭購入船は、藩営の末期頃から、島原港にある大問屋三軒（石屋、山本屋、堺屋）を経て購入していた。しかし、官営になると、明治七年（一八七四）六月工部省の許可をうけて、問屋の名称を廃し、鉱山寮御用達と改称した。三井物産益田孝は、工部省鉱山寮へ三池炭の委託販売を出願し、同九年六月契約が成立した。

かくて同年一〇月一日より三池炭の全販売を政府は三井物産会社へ委託することになった。三井物産の完備せる販売網によって、その販路は毎年拡大の一途を辿った。反対に地元石炭問屋は三井物産の下請け機関と化し、その衰退はここに始まったのである。

五　官営三池炭鉱の払い下げの経緯

政府は西南戦争などの内乱鎮圧に金をつぎこんだうえ、官営事業も多くは赤字であり、緊縮政策をとらざるを得なかった。この政策は、明治一三年（一八八〇）一一月、「工場払い下げ規則」が内務、大蔵、陸軍、海軍、文部および工部の六省に発令されたことに始まる。ときの大蔵大臣松方正義は三池炭鉱だけは黒字であったので、手放したがらなかったが、大勢に押され、閣議において払い下げが決定された。

しかし払い下げに反対意見をもっていた松方は払い下げ価額を四〇〇万円以上という高い値段をつけた。同一四年（一八八一）に高島炭鉱を譲り受けた三菱でさえ、三池炭鉱は三〇〇万円以上の価値はないといっていた程であった。

同二一年（一八八八）八月一日に官営三池炭鉱払い下げの公開入札が大蔵省で行われた。

入札の結果は次の通りであった。

一番札	四、五五五、〇〇〇円	佐々木八郎
二　〃	四、五五二、七〇〇円	川崎儀三郎
三　〃	四、二七五、〇〇〇円	加藤総右衛門
四　〃	四、一〇〇、〇〇〇円	三井武之助

以上の通りで、二番札との差はわずかに二三〇〇円で佐々木が落札したが佐々木は三井物産社長の益田孝が万一に備えた三井組の名義人であった。川崎は三菱の名義人であったといわれる。三井組、殊に三井物産の益田は、

三池炭鉱の落札に必死であった。三井物産は同九年（一八七六）以来三池炭の一手販売を委託せられており、海外輸出もしていた。三池炭鉱がもし三井組以外の者に落札するとしたら、三池炭を中心として三井物産は営々として築き上げた東洋市場をうしなうことは明らかであった。そこで益田は三池炭鉱を三井組に落札させたくて、三井銀行の西邑虎四郎を説き、金融の承諾を得、目的を達したのであった。

　三池炭鉱は同二二年（一八八九）一月より三井組の経営に移った。かくて三井は大牟田に第一歩を踏み出して行った。

六　三井経営後の三池炭鉱

1　三井創業時代

明治二二年一月一日をもって三池鉱業所の前身たる「三池炭礦社」がいよいよ現地においてその巨歩を踏み出すことになった。三池炭礦社の初代事務長には團琢磨が就任した。やがて大牟田がその三井の「ドル箱」となるにいたったが、その間における團の功績は偉大であった。

同二五年（一八九二）四月には、三池炭礦社の東京本社（三井物産三池炭礦社）が廃止になり、これに代わって三井鉱山合資会社が設立され、三池炭礦社はその管理下に置かれた。翌二六年（一八九三）には会社組織を変更して、三井鉱山合名会社と改称し、同年一〇月より三池炭礦社を三井三池炭鉱事務所と称するようになった。

　初年度の同二二年の出炭高は四六万二〇〇〇トンであり、四年後の同二六年度には五八万九〇〇〇トンというように順調に発展したかにみえるが実は苦難の途であった。同二四年一二月には宮浦－横須間に汽車鉄道を開通した。これによって、従来の馬車鉄道による障害を除去し、坑外運搬に革新をもたらした。

2　日清・日露戦争における三池炭鉱

日清戦争後における事業の拡張は目覚しいものであった。明治二八年（一八九五）二月、勝立第二竪坑ならびに宮原第一竪坑の開鑿に着手し、四月には水没のため絶望視されていた勝立第一竪坑が操業を開始した。同三〇年（一八九七）一一月には万田第一竪坑、同三二年（一八九九）六月には宮原第二竪坑の開鑿というように矢継ぎ早の増産計画が実施された。そしてこれらの各坑間の連絡には汽車鉄道が延長敷設された。

日清戦争後のわが国産業資本の発展途上において、石炭の増産がいかに急であったかがわかる。日露戦争後は石炭産業を母体とする諸産業が活動を始めることになった。同四二年（一九〇九）三井鉱山合名会社三池炭鉱事務所を三井合名会社鉱山部三池炭鉱事務所と改称され、更に三井合名の鉱山部は同四四年（一九一一）分離して三井鉱山株式会社が設立された。

3　第一次世界大戦後における三池炭鉱

大正三年（一九一四）七月、第一次大戦の勃発によって、石炭の需要は増大し、炭価は高騰し、未曾有の好況時代が出現した。しかし、同七年（一九一八）一一月、大戦の終結と共に、不況に見舞われ、石炭の出炭抑制のやむなきに至り、更に同一二年（一九二三）関東大震災が起こり、受難の度が加わり、昭和の大恐慌へと続いた。同七年八月に、三池炭鉱事務所は三池鉱業所と改称された。同年四月には、海底採炭を目的として四山第一竪坑の開鑿が着手され、翌八年四月に宮浦第二竪坑の開鑿が進められた。

4　石炭コンビナート

A　化学工業（三池染料工業所の前身）
明治三八年（一九〇五）三月、初めて三池炭鉱社内に「焦煤課」が設置され焦煤製造、分析ならびに洗鉱に関する事務を行った。これは同年七月に「焦煤工場」と改称された。第一次大戦の勃発によって、合成染料の輸入が途絶えたので、三井鉱山では合成染料の製造を急ぎ、大正八年（一九一九）に焦煤工場は三池染料工業所と改称された。

B　亜鉛精錬（三池精錬所）
三池の石炭を有効に使用するため明治四四年（一九一一）一二月、神岡鉱山の「亜鉛精錬工場」を三池に新設することになり、翌四五年三月、三井神岡鉱山付属大牟田亜鉛精錬所として発足した。

C　三池製作所
明治二九年（一八九六）新工場へ移転し、大牟田市横須の旧工場を閉鎖した。同三二年機械課の名称を製作課とし後、製作所と改称した。現在の三井三池製作所。

D　三池港と港務所
明治四一年（一九〇八）三月、三池築港の工事が完了し、同年四月開港場として指定を受けた。同年九月三池炭鉱社内に港務部が設けられ、三池港出入船舶の取り締まり及び貨物の積み下ろしその他輸送の事務を行った。これによって島原の口ノ津港まで石炭を「はしけ」で運搬していたのは不要になった。

E　発電所

三池炭鉱社が独自の発電施設として、明治四〇年（一九〇七）五月、四山火力発電所が新設された。

F　電気化学工業株式会社

第一次大戦前におけるわが国の窒素工業は微々たるものであった。従ってわが国の需要は、輸入に頼っていた。大戦になると、輸入が途絶え、製品は値上がりした。このような情勢の中で電気化学工場が大牟田に創立され、三池炭を原料としてカーバイト、石灰窒素、硫安の製造を始めた。

G　東洋高圧工業株式会社

石炭産業を母体として、昭和六年（一九三一）八月、三池窒素工場が創立され、アンモニア製造を始めた。同一〇年（一九三五）六月に東洋高圧工場が竣工し、硫安の製造を始めた。同一二年（一九三七）二月に両工場の合併が実現した。

H　三池石油合成株式会社

昭和六年満州事変を契機としてわが国の人造石油の問題が大きくクローズアップされ、同一五年（一九四〇）五月に人造石油のため合成工場を創立した。太平洋戦争後は生産を中止した。

I　東洋軽金属株式会社

昭和一四年（一九三九）戦時体制下に入り、政府は急速にアルミニュームの増産を企図し、三井は同一六年（一九四一）一二月大牟田にアルミ工場を建設した。同一八年二月より操業を開始したが、終戦と共に生産は中止された。

J　三井アルミ工業株式会社

三池炭を発電所用燃料としてアルミ工場が四山に昭和四三年（一九六八）一月に創立された。操業開始が同四五年、同六二年（一九八七）三月工場は閉鎖された。

5　戦争による石炭産業の破壊

大正末期より昭和初期の大恐慌を経る間に、石炭産業の合理化は著しく進展し、出炭量も能率も上昇した。太平洋戦争の勃発で、出炭の増強が至上命令として要請されたが、資材の欠乏などで労務者の増えたわりには出炭は低下した。大東亜戦争と言う名の下に、四ケ年の永い間戦われたが、昭和二〇年（一九四五）八月一五日敗戦となった。

無謀なる開戦に対する当然の帰結とはいいながら、営々として築き上げられてきた国民の富であるヤマは荒廃をきわめ、空襲によって大牟田市も荒尾市も焦土と化したのである。

戦時中には朝鮮人、中国人労務者は本国から三池炭鉱に強制連行され坑内で強制的に働かされた。中国人の働かされたヤマは万田坑・宮浦坑・四山坑であった。また三川坑では青い目の外人の俘虜（アメリカ、イギリス、オランダ、オーストラリア、チェコスロバキア、ノルウェー）も坑内労働に働かされていた。敗戦と共に外国人労務者の本国送還と徴用労働者の退山により、三池炭鉱も決定的な打撃をうけた。

6　世話方制度

大正七年（一九一八）、全国的規模に広がった米騒動があった。米騒動とは、第一次世界大戦への参加、大正八年のシベリア出兵による物価騰貴、米の買い占めによって生活が苦しくなった全国の民衆が、官庁や警察署の焼き討ちや破壊という全国的騒動にまで発展した事件のことである。

三池炭鉱では万田坑で暴動があり、久留米から軍隊が暴動鎮圧に来ている。会社ではこの暴動を契機にようやく労務管理に意を用いるようになったのであるが、それ以前の時期においては、近代的労務管理と称するものは存在しなかったといってよい。これは、ひとり、三井鉱山のみならず、当時までの一般産業界に共通した趨勢であった。ことに炭鉱においては、すでに江戸時代より、明治時代を経て大正末期頃まで、請負方式の「納屋制度」が存在して、多くの炭鉱は、坑夫の募集、採炭作業の請負から坑夫の労務管理に至るまで、この納屋頭に当たらせていたのが実情であった。納屋制度そのものが労務管理制度でもあったのである。三池炭鉱では当初の一時期、納屋制度類似の募集請負制度が若干存在したのである。しかし、この制度が苛酷な制度であったため、弊害が多く、社会的非難の的ともなるに及んで、納屋制度については明治末期頃までに、他の類似の制度も大正末期までにはいずれも廃止するに至っている。三池においては、当初より直轄制度を採用し、坑夫の募集なども会社みずからがこれを行っていた。すなわち、明治三〇年（一八九七）代より各事業所に「坑夫方」と称する労務管理機関をおき、坑夫の採用、解雇のほか、逃亡監視、他山からの掠奪警戒、就業の督励、風紀取締りなどをつかさどっていた。

このほか社宅管理機構として、明治三一年から世話方と称するものをおき、坑夫の有力なものを任命し、坑夫の社宅に居住せしめて、日常普段に坑夫に接触して、社宅の管理と、日常の世話に当たらせたが、後にはこれらの世話方が、坑夫の出勤督励、社宅における逃亡監視などの労務管理的な業務をもつかさどることになり、会社と坑夫との中間的な存在として、その意志疎通に少なからぬ役割を果たすことになった。

世話方は日中戦争後、「補導員」と名称をあらためられ戦後は「世話係」に変わった。三池炭鉱では昭和二八年（一九五三）企業整備後、「資本の労働者に対する身分支配の先兵」として激しく労働組合の集中攻撃を受け、同二九年五月一五日に廃止されるまで存続した。このことをみても、この制度がいかに労務管理の一機構として、その存在価値が高かったかがうかがわれよう。廃止後は四山鉱と宮浦鉱では世話係を「受付連絡係」に、三川鉱は「社宅庶務係」に変わり業務が引き継がれた。

7　女坑夫

女坑夫は、生命力のかたまりであった。

上田ヨシさん（仮名）は、明治三〇年（一八九七）九月一五日に熊本県玉名郡賢木村に生まれた。大正五年（一九一六）一九歳のとき、大牟田市一丁玉納屋（宮原社宅）の主人のところに嫁入りしてきた。結婚と同時に宮原坑に父ちゃんの後山として坑内下がりになった。入坑するときは袖の短い作業着を着て、履物はワラジ履き、天秤棒の前に鍬・ガスカキ・弁当（二人分）・水樽（三升入り）をかけ、後にバラ四枚を荷って入坑していた。男の坑夫はツルハシ二、三本を担いでいた。そのほか安全灯（鉄製）一、二個は男も女もみんな持って入坑した。

女子坑夫も明治二七年（一八九四）から採炭、運炭に従事していたが、同四三年（一九一〇）には採炭夫として一一〇五人、昭和四年（一九二九）には二六四人になった。女子の地下労働は同三年（一九二八）九月一日交付の「鉱夫労役扶助規則」一部改正によって同五年（一九三〇）九月一日から禁止された。

明治、大正のころの坑内労働は二人組制、四人組制、または六人組制で採炭をしていた。六人組制のときは男の先山が二人、女の後山四人で組んで作業をしていた。

服装はヘコ（ふんどし）をしめ、木綿の半きりの着物を着て頭に手ぬぐいをまいていた。現場が熱いときには着物を脱いでヘコ一つになることもあった。全裸にちかく、ヘコ（ふんどし）をしめるだけで、ヘコはコン色のサラシで七尺が普通であり、黒もあった。しかし太った女は九尺を必要とした。履物はワラジであり、一日に二〜三足も履きつぶしていた。頭には手ぬぐいを巻いており、弁当箱は、重箱のような箱弁当であり、お茶でなく、水樽を持って下がった。高温多湿の切羽では塩も持って行った。吹き出す汗には塩を補給しなければ身体が持たなかった。労働時間は朝八時から夜八時までの一二時間労働であった。切羽では多くのあらくれもんの男たちがツルハシをふるっており、女たちはザルに石炭を入れてそれを天秤棒で荷い、本線坑道の炭函に積み込むのが切羽での仕事であった。

女坑夫にとっての坑内作業は、男の坑夫と同じく重労働であった。保安も不充分の坑内作業は、ガス爆発、落盤による事故はしばしば起こった。〝ボタをかぶった〟という落盤事故は、日常茶飯事のできごとであった。一度落盤があると、次に来る落盤は非常に大きなことを、坑内下がりはよく知っていた。早く逃げなければ二度目の落盤で命を奪われることが多かった。

暗く、ガランとした本線坑道の天井に、裸電球が点々とぶら下がり、切羽は安全灯（鉄製）の灯りだけ、天井からは水滴が雨のように落ちていた。切羽で、眼を吊り上げ、石炭を荷って函に積み込んでいた。切羽は温度が高く、全身から汗が滝のように流れる。話し声ひとつしない切羽で、大勢の裸婦がいろんなかたちでうす暗い安全灯の灯りのもとで働いている。身に付けているのは「ヘコ」だけで、なかには、全裸の人もいた。汗を拭く手ぬぐいなどなく、たまに持っていた人は手ぬぐいを尻の割れ目に挟んでいた。食事のとき手を洗う水がない場合は、脛から流れる汗で手を拭いていた。

〔坑内への携行品について〕

◆　わらじ

ヨシさんは、藁を馬込村まで買いに行き、藁を打って柔らかくして縄をない、わらじを作っていた。買ったわらじは藁をよく打ってないため、長持ちしなかった。人からたのまれて作ってやり喜ばれたこともあった。店で買ったわらじは一日に二、三足も履きつぶしていた。

大正五年頃までの男坑夫、女坑夫（絵・高木克哉）

採炭現場が熱いときは裸で仕事をしていた。

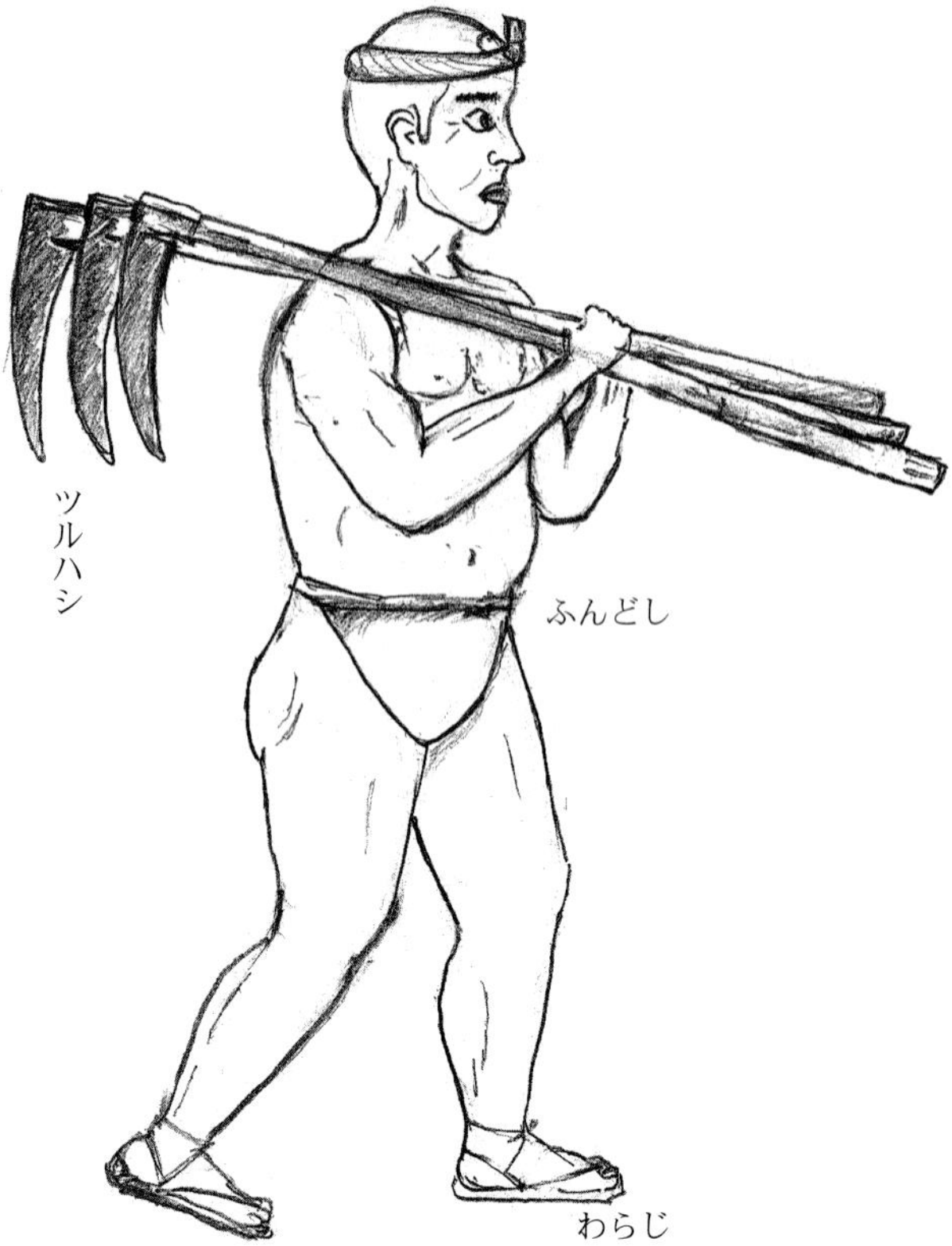

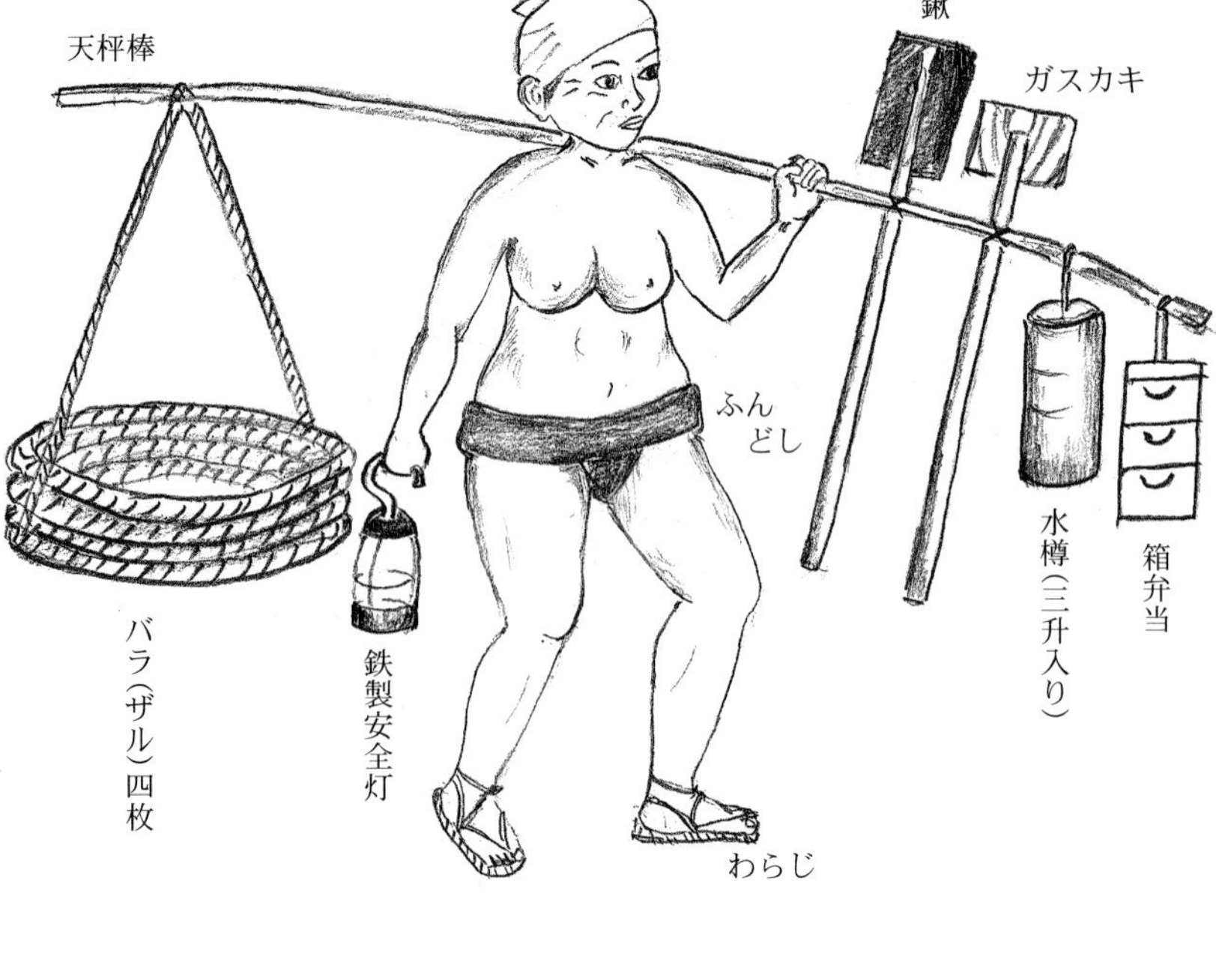

◆　弁当

金属製の四角な箱弁当であった。二人分を上の引出しに入れ、下の引出しに入坑札などを入れた。

◆　バラ（ザル）

先山がツルハシで掘った石炭を、後山の女坑夫がバラに鍬で入れ、荷いだしていた。バラの綱は藁でなった縄を使ってあり、長さは一尋《ひとひろ》半（約二メートル三〇センチ）であった。鍬でバラに石炭を入れることを「入鍬」（いれぐわ）と言っていた。

◆　あかり

鉄製の安全灯を入坑札と引換えに借りて入坑していた、現場が遠いときは「道火」として所々に安全灯をおいていた。

◆　採炭用具

ツルハシ、ガスカキ、鍬の修理代、坑内照明用の油代など給料より差引かれた。

大正五年（一九一六）より同一二年（一九二三）まで宮原坑に下がり、父ちゃんは採炭をし、ヨシさんは後山として働いた。同年四山坑が開坑したので、同坑に移った。昭和五年（一九三〇）女子坑内労働が禁止されるまで一四年間坑内下がりを続けた。三三歳になっていた。

結婚当時は一丁玉納屋四番町に住んでいた。平屋建て六畳一間に夫婦二人と若い坑夫四人も下宿させられていた。会社は、下宿人を受け入れることを強要していた。ヨシさんは、毎日夫婦二人分と下宿人四人分の弁当をつくっていたが、金になるのは二人分だけとこぼしていた。人間の尊厳など考える社会ではなかった。

一丁玉納屋は一番町、二番町、三番町は刑期を終えた囚人たちの納屋であった。世話方は「さいきさん」がしていた。盗人の大将と言われていた。宮原の権現堂にさいきさんの銅像があったが今はどうなっているかわからない。

新納屋、横納屋という納屋があった。新納屋とは、放免囚の納屋であり、刑務所納屋とも呼んでいた。一丁玉納屋は、ツキ上げ納屋といって窓一つの納屋で雨戸は中から棒でつき上げて開くものであった。土間にカマドがあり、あかりはランプが一つあったが後に五燭《ショク》の裸電球となった。全く雨露をしのいで寝るだけのものであった。そして五軒、一〇軒の棟割長屋になっていた。刑務所納屋のとなりの納屋に住んでいたので毎日怖い思いをしながら暮らしていたと話してくれた。

四山坑に移ってからは、父ちゃんは坑内棹取夫（運搬夫）、ヨシさんは日役（雑役夫）の仕事であった。妊娠七ケ月まで入坑していた。八ケ月になると会社からいくらかの分娩手当を支給されていた。産後二ケ月ぐらいまでもらえた。妊娠中の坑内の作業は苦しい仕事であり、炭丈の低いところは腰を曲げられないのでとくに辛かった。ヨシさんは姑さんが大変やかましかったので産後五〇日経たないうちに入坑していた。妊娠して入坑していたときでも、納屋には下宿人五人もおいていた。四山社宅は二階があったので一丁玉納屋に比べて二階と下に別々に寝られるようになり、大分よくなった。それでも一階は六畳一間に板張二畳分、二階三畳一間であった。

三池炭鉱では、昭和五年ごろ、男は四〇歳で解雇されていた。納屋で夫婦喧嘩、親子喧嘩をすれば納屋を放逐されていた。「金受け」は労務事務所で証明書をもらい採鉱事務所でもらっていたが、売勘場で「通帳」（かよい）で買っていたので給料から差し引かれていた。

雇用契約は一年条約、二年条約、三年条約があり、条約の期限が来ないのに炭鉱を無断で辞めて逃げ出すことをケツワリといっていた。逃げられないように会社は大牟田駅・万田駅など各駅に見張りをおいていた。捕まれば連れ戻され、リンチを受けていた。ケツワリしても年功は三回に一回はつながった。

ヨシさんの姑さんが五四歳のとき主人と結婚した。義母が九〇歳で亡くなるまで一緒に暮らしてきた。乳のみ子にはミルクは買えないので、米の粉で作った汁を飲ませて育てた。つくり乳なので子供は飲もうとしない。慣れさせるまでが大変であった。坑内で乳がスタスタ流れ出るので、小頭さんとか同僚たちが勿体ないといっていた。小頭さんなど、うちの女房は家でブラブラしていても乳が出ないので替われるものなら替わってもらいたいといってうらやましがられていた。入坑している間、子供は義母がみてくれていたが子供が増えれば、一人ではまかせられず、他人に一日に二〇銭であずかってもらっていた。

私しゃ坑内下がるのと、子をもつ（産む）のが仕事でした。人の子も育てました。一〇人も一一人も、もち（産み）ました。年子もおりました――と語ってくれた。女坑夫のなかには、坑内で出産する人もいた。事故で人が減るのは珍しくないが、人が生まれるのは瑞兆として喜ばれ、お祝いをはずんでもらったりしていた。ヨシさんは、社宅が故郷だから、私は社宅の外には出たくないといっていた。訥々と語る言葉のぬくもりにつつまれて、私はこれを書きついだ。

（昭和四六年〈一九七一〉一二月一〇日、聞き書き）

8　三池炭鉱と團琢磨

團は旧姓を神屋といって、安政五年（一八五八）八月一日の生まれである。父の神屋宅之丞は、福岡藩の馬廻り役で二〇〇石の家禄を頂戴し、城下の荒戸四番町に居住していた。この宅之丞と妻やすの四男として出生した彼は、父四四歳、母三七歳の時の息子で、午年の生まれだったため、幼名を駒吉と名づけられた。

彼は、福岡藩で六〇〇石の高禄をもらっていた團家の養子になることになった。明治三年（一八七〇）一二月のことである。そして一四歳の折、養父の許へ招かれることになって、東京へ移住した。駒吉改め琢磨となった彼は、近くの平賀塾へ通って英語を勉強した。この時、金子堅太郎と知り合った。明治四年、特命全権大使となった岩倉具視が、桂や大久保、伊藤たちと欧米へ赴くことになり、その時、公卿や大名の子弟その他の学生五〇余名を同時に米国へ留学させようという話がおこった。そして各藩から希望者を募った。この時、藩主の供をして團と金子が留学することになった。

同四年（一八七一）一一月一二日、一行の乗船したアメリカ丸は、横浜を出帆した。琢磨は数え年一五歳であった。ボストンに到着した彼は、英語を習い、小学校に入学、わずか二年間で小学校の課程を終えた。自ら鉱山学を学ぼうと決心して、ボストン・テク大学に籍をおいた。その後、三年たってバチェラー・オブ・サイエンスの学士号を得た彼は、ハーバード大学を卒業し、帰朝することになった。同一一年（一八七八）九月、久しぶりに日本へ帰ってきた。

東京大学の助教授になったが専門でなかったため辞めて、同一七年（一八八四）、彼は、当時工部省の管轄下にあった三池炭鉱に赴任してきた。それより先、二五歳で親友金子堅太郎の妹芳子を妻に迎えている。

当時、三池は局長代理をしている小林秀知の天下で、所員たちはみな小林の息のかかった者ばかりであった。そこへ突然、團が、局長次席を帯びて中央より天下ってきたものだから、たちまち小林一派は緊張した。

同一八年（一八八五）内閣制度が布かれ、工部省が廃されて鉱山局は大蔵省に移管された。同一九年の三池炭鉱の出炭総量二八万八七三七トン、海外輸出量一一万八四〇〇トン、収入総額五〇万六四六二円、営業費三一万一〇一二円で利益金一九万五四五〇円を挙げている。官営創業以来の純益は、起業費を償却して三〇万六九〇七円を収めた。先述のように蔵相松方正義はこの三池炭の輸出に着目し、三池鉱山局へ生産増強を指令して、主任技師の團を洋行させることを下命したのである。

團は同二〇年（一八八七）六月に米・欧へ向け出発した。この團の留守中に三池炭鉱の民間払い下げ問題が起こり、三井物産が落札したのである。團は帰ってきても行き場がなくなってしまった。義兄の金子は心配し、福岡県庁の鉱山技師に世話した。これをきいて三井物産社長の益田孝が驚いた。さっそく金子を尋ねて「團技師を県庁へやられては困る。三井が四五五万五〇〇〇円も出して三池を買ったのは、團の価値もその中にはいっているからだ。團ぬきでは四五五万五〇〇〇円の値打ちはない」と談じこんだ。

「三井では團を三池炭礦の主任として一切を任せるつもりである。県庁の方は取り消してもらいたい」金子は苦しい立場に追い込まれたが、益田の言うことも正しい。県庁を断り益田は、團も三池炭礦と一緒に買いとった。

同二二年（一八八九）一月一日付で三井組経営となった三池炭礦は、名称を「三池炭礦社」と改め、三月、最高責任者である初代事務長に團琢磨が就任した。團琢磨は明治政府の派遣でアメリカのボストン・テクで鉱山学を専攻し、当時わが国では最高水準をいく新進鉱山技術家であった。

三池炭礦の三井組払い下げの中心となった三井物産の益田孝は團琢磨を「年々三池に来て君（團琢磨）の得難き人物なるを識り、出水多量なる三池炭礦の経営は斬新の知識を有し、且つ三池炭礦に精通せる技術家を首脳とするにあらざれば成功覚束なく、其の人は君を措いて外に人なし」（『團琢磨伝』）と見込んで初代事務長としたのである。こうして三井三池炭礦の最高責任者となった團琢磨は、技術の近代化は言うに及ばず、これまでの旧態依然たる労務管理の近代化にも手をつけ、三池炭礦の質量共に拡大発展をはかることになった。

労務管理の近代化とは納屋制度の廃止と、これに代わるべき会社直轄夫の採用である。しかし一挙に納屋制度を廃止することは労務管理体制に混乱を生ずるので、團琢磨は、納屋制度と直轄坑夫制度を併置し、徐々に直轄坑夫制度を拡大し納屋制度の自然縮小をはかることにした。このため同二二年一一月、三井組東京本部に対し、直轄坑夫募集のための諸規則を制定する伺いを出し、「三池炭礦社坑夫取扱規則」「同坑夫死傷救恤《きゅうじゅつ》規則」「同納屋貸渡規則」「同付属売物店規則」等を制定した。「坑夫取扱規則」は、坑夫の職場規律全般にわたって細かく規定し、三井三池炭礦の労務管理の基礎を作ったものであり、会社直轄坑夫が採用されることになり、納屋制度が徐々に縮小され、近代的労務管理が確立されていくことになるのである。

また「坑夫死傷救恤規則」は特に炭礦に多い落盤事故その他の事故死傷についての救済制度であるが、当時の企業が経営上の経費として計上し、企業責任としての救済制度を全く採用していなかったことから見れば、まさに画期的なことであり、近代日本では最初の労働者救済制度といえる。さらに「納屋貸渡規則」や「売物店規則」についてみると、納屋（社宅）や売物店は、会社直轄坑夫の採用と同じく、納屋制度廃止への具体的な布石の一つとして社宅が建築され、売物店が開設されたのである。しかもこの二つは永い目でみれば低賃金を補填して労務費の支出をなるべく押さえることができると共に、労働者の福利厚生政策にもなるものであった。こうして團琢磨によって三井三池炭礦の近代的労務政策の第一歩が踏みだされていった。

〈三井経営初期の三池炭礦〉

三井経営移行後特に注目されるものは、坑内外の運搬技術と排水技術の大改革である。このころ、全国の炭礦には機械化の波が押し寄せていた。明治二四年（一八九一）八月、大牟田川の水路の拡張工事と浚渫工事が完成し、河口のみが石炭積出港としていた大牟田川が中流まで遡行できるようになり、石炭の坑外運搬が非常に便利になった。また横須港の石炭積出施設が完成し、ここと宮浦坑を結ぶ運搬専用鉄道が敷かれ、宮浦坑から七浦坑への延長鉄道も完成し、主要坑と港が鉄道で結ばれ、蒸気機関車が炭車を牽引した。坑外搬出技術では大浦坑の蒸気捲揚機がエンドレス・ロープ式に改良されて搬出能力を一挙に上昇させ、さらに七浦坑が切羽拡大によって湧水量が増大したので大形三〇インチスペシャル・ポンプと二〇インチ・ポンプが据え付けられた。

このように運搬技術と排水技術の機械化や切羽の拡大により、同二二年（一八八九）七月熊本大地震による水没の被害があったにもかかわらず、同二一年～二四年の出炭高は約四七万トン、約五〇トン、約六〇トンと急激に増加し、全国総出炭高の二〇パーセント近くを出炭し続けた。この出炭高は官営三池炭礦、明治二〇年に比べ、四割から八割という驚異的な増加率であり、採運炭夫一人当たり出炭率を比較すると、五割以上の能率上昇を示しており、労務管理が行き届いたことや、石炭運搬効率の上昇がそのまま切羽での採炭能率の向上となって現れたことをよく示している。

しかしこのような出炭の上昇がそのまま営業成績にはならなかった。同二三年（一八九〇）から日本資本主義の最初の恐慌が始まり、二四年末からは石炭の過剰となり、翌年には不況のどん底となった。このごろ全国の炭礦設備の機械化に成功し、全国総出炭高はようやく機械化が始まった同一六年（一八八三）の一〇一トン余からすれば約三・一七倍の出炭増になっていた。

これに対して国内消費高や輸出高は出炭増に比例せず、同一九年（一八八六）から同二五年（一八九二）までの累計八二万トンの供給過剰になっていた。すでに同二四年六月には三井組東京本部から團琢磨事務長に対して、北海道幌内炭礦の拡張や筑豊炭田の盛況が石炭の生産過剰となって現れることを予告し、人員整理と経費節約の達示が出された。この年の炭価は官業払い下げ直前の水準に落ち込んでおり、採運炭夫数は四〇〇〇人近くに増加し、このため利益率は前年の半分近くまで落ち込んだとみられる。また石炭の売れ行きも落ち、貯炭場は石炭の山となった。

石炭の生産過剰は三池炭の海外輸出港である口ノ津の貯炭場も埋め尽くし、島原にも貯炭しなければならなくなった。このため、同二五年（一八九二）上期には採運炭夫を一三〇〇人（四八パーセント）整理し、前途多難を思わせたのであった。

〈勝立第一竪坑の開鑿〉

このような時期に、官営の明治一八年（一八八五）に着手され湧水多量で一時中止されていた勝立第一竪坑の再開鑿の開始は、大問題であった。この竪坑は三井経営になって再び開鑿がすすめられていたが、明治二二年七月の熊本大地震とその後の連日の降雨でついに水没してしまった。当時出炭操業中の七浦第二竪坑が工事着手から一年一ケ月、宮浦第一竪坑が同じく一年二ケ月で出炭操業となったのに比べ、勝立第一竪坑はすでに六年を経過しているのにまだ着炭していなかった。

湧水量が多い三池炭礦の場合、この竪坑の開鑿失敗は、三池炭礦の将来の発展に重大支障をきたすことは明らかであった。しかし当時の状態で充分に採算がとれている三池炭礦としては、必ずしも勝立竪坑の開鑿は必要ではなかったし、出炭高の増加はますます貯炭を増やし、単価の下落を招きかねなかった。「勝立坑の再開については、強い反対意見もあった」(『大牟田産業経済の沿革と現況』)のは当然であった。

しかし「三池を『活かすか殺すか』の重大問題である」(同前書)という問題のとらえ方をした三井組首脳部は勝立坑の再開を決定し、團事務長は当時世界最大といわれた「デーヴイ・ポンプ」をイギリスのメーカーに注文し、明治二五年(一八九二)五月据え付けが終った二基のポンプが運転を開始した。このときの勝立第一竪坑の排水成功について、團琢磨は次のように語っている。「排水は滞りなく進んで、一〇月一五日に至って勝立坑内の水は全く排除し尽くされたのであった。デーヴイ・ポンプの前には、流石の勝立坑の湧水も物の数では無かった」(『團琢磨伝』)。こうして明治二八年四月、勝立第一竪坑は出炭操業を開始し、三池炭礦の大発展を約束したのであった。時あたかも日清戦争の直後であり、経済界の大好況に恵まれて、三池炭礦は大きく飛躍していった。

〈万田坑〉

明治一四年(一八八一)五月、三池炭礦では、初めて、原万田星ガ谷の官山で、石炭をさがすための試推をおこなった。ここが後の万田坑である。これより少し前、三池炭山の鉱区は

○三池郡の藤田・三里・西米生・川尻・大牟田・下里・横須・稲荷・櫟野・暦木・今山

○玉名郡の井手・万田・大島・荒尾・中・堺崎・中原

と定められたので、面積は二九八二町歩余に達し、埋蔵量は一億六二九一トン余と考えられた。そしてこの月、工部省は、福岡、熊本県に三池炭山境界線内において、試堀・借区等、一切禁止する、という旨の通達を出した。わが国では工業が盛んになり石炭の需要も増加した。しかし、三池炭礦は、官営以来すでに二〇数年経ち、坑道は日増しに延びて、坑口への運搬も次第に難しくなっている。そこで三井本店の團琢磨は、熊本県側の鉱区を開発しようと、荒尾村の万田に出張し、万般の設計を行うと共に、二百数十万円の起業費を計上して帰社したところ、会社首脳が、ほとんど検討することもなく可決してくれた。

こうして同三〇年(一八九七)一一月二三日、いよい

よ万田坑第一竪坑の開鑿が始められた。一二月になると万田坑には、デーヴィポンプが据え付けられ、宮原坑との間に、鉄道をしく工事が始められた。

同三二年（一八九九）五月、初めて空気圧縮機と削岩機が使用された。英国人技師を招いて、高さ三三メートル、幅一三メートル、重さ二四〇トンという、鉄骨の竪坑櫓を組み立てた。一〇月、櫓が完成した。翌三三年（一九〇〇）二月、デーヴィポンプ三台が運転を開始した。同三五年（一九〇二）二月一一日、第一竪坑が着炭した。その坑深は二七二メートルで宮原坑の一四八メートル・七浦坑の七二メートル・宮浦坑の五三メートルに比べ、格段の相違があり、同時にあらゆる点で大きな規模をほこった。

同年一一月、一坑竪坑の捲揚機が設置された。これは、三池の各山がすべて一台であったのに、初めて二台となって、めざましい効率を約束した。これを動かすのは、これも珍しい高圧蒸気なので、大きな汽缶場が建てられた。

万田坑は、三池で、最新のものだけに、全般にわたり大規模で、運搬系統を見ると、坑内の軌条間隔は、他山が一八吋《インチ》半（四七センチ）なのに、一挙に二四吋（六一センチ）に広げられ、炭車が木製から鉄製に改められたので、時速四哩《マイル》（六四三七・二メートル）だったものが七哩以上に及んだ外、チップラーなども大いに改良された。

第二竪坑は、同三一年（一八九八）八月二四日開鑿着手、同三七年（一九〇四）二月二六日に深さ二六八メートルで着炭。以後坑底、坑口の設備工事を進め、同四二年（一九〇九）二月より操業を開始した。第一竪坑の諸設備と合わせて、万田坑は当時わが国最大規模の竪坑であった。総工費二四四万七〇〇〇円。これで三池炭鉱社では、大浦・七浦・宮浦・勝立・宮原の五坑に次いで、初めて熊本県の万田坑が加わり、しかも三池の中心はここに移った。

万田坑は、昭和二六年（一九五一）九月一日、閉坑になった。

第一竪坑は、捲場、櫓ともなくなっており、一部にレンガの構築物が残っている。坑形は矩形一二・四二メートル×三・七六メートルで揚炭、入気、排水の用途だった。

第二竪坑は、捲場、櫓とも施設がよく残り、煙突の基礎部や汽缶場の壁の一部も残存して面影をとどめる。坑形は矩形で八・三一メートル×四・三七メートル。本来は排気、排水、人員の用途であった。

捲揚建物は、切妻二階建て、レンガ造で積み方はイギリス積み。屋根は平成三年（一九九一）の台風で痛みがひどくなり、木造トラス構造が鉄骨に変更された。ケージ（自重二・八トン、最大積載量一・五トン、搭乗人員二五名）の上げ下げのため、横置単胴複式で直径三九六二ミリメートル、回転数二一・五ＲＰＭの捲胴が常時稼動していた。もちろん、当初は蒸気によって駆動していたが、現在、二二五ＫＷ（三〇〇馬力）回転数五五七ＲＰＭの三相交流誘導電動機がすわっている。ロープは長さ三九〇メートルで、毎分二七〇メートルで動かされていた。

臨時に大きな資材（レールなど）を搬入するためにもう一基ウインチが据え付けられている。捲胴は横置単胴円筒式で、直径一八二〇ミリ、幅二七三〇ミリ。ロープは直径四六ミリ、長さ五〇〇メートル、重量四六五五キロ。原動機は三相誘導電動機で四五キロワット、回転数は六九八ＲＰＭ。

このほかに安全灯室の入った建物、事務棟（いずれもレンガ造り）も残っている。明治時代の炭鉱坑口施設の中では最もよく残り、当時の施設の復元も可能である。

しかも、捲揚機は今も当初のものがそのまま残っている。貴重な存在である。中庭には山の神を祀ってある。大正六年、大牟田町の石工塚本羊郎が刻んだ、堂々たる石の祠である。

炭坑節

三池七山、山から出るは
国の宝じゃ黒ダイヤ
万田炭坑の姉さんかぶり
指にかがやく黒ダイヤ

〔名称〕三井三池炭鉱跡　万田坑跡　国の重要文化財・史跡指定
〔所在地〕熊本県荒尾市原万田蓮池二五〇

〈宮原坑〉

明治二〇年（一八八七）四月、三池鉱山払い下げ規則が制定された。このごろ、三池礦山では、年におよそ四〇万トンの石炭が掘られ、主に、中国大陸に輸出されていた。

三池炭山は、坑内の湧き水がひどいので、これが、生産の大きな妨げとなっていた。そこで、同年九月、技師の團琢磨が、ポンプの研究をするため、米・欧に出張を命ぜられた。

第一竪坑は同二八年二月に着工した。工事は湧水のために困難を極めたが、同三〇年（一八九七）三月に深度一四一メートルで着炭した。翌年三月二一日、排水、揚炭のための坑外諸設備が完成した。

第二竪坑は同三二年（一八九九）六月一一日から開鑿に着手し、同三四年（一九〇一）一一月竣工している、坑深は一四八メートル。

第一竪坑は揚炭、入気、排水が主であり、第二竪坑は人員昇降を主とし、排気、排水、揚炭を兼ねた。両竪坑とも團事務長がイギリスから輸入したデーヴィポンプ二台を備え、これによって七浦坑の排水難も解消され、深部への展開も可能となった。総工費は九三万五〇〇〇円で、宮原坑は排水、揚炭の大型機械を備えた主力坑となり、明治・大正期を通じて年間四〇〜五〇トンの出炭を維持した。

しかし、昭和初期の恐慌、不況の中で、各炭坑は坑口と稼業地域の整理統合、採炭・送炭・選炭の機械化及び諸設備の大型化、総払式長壁採炭法による切羽の集約などの合理化を進めた。三池炭鉱でも、新たな四山坑、宮浦大斜坑の開鑿と同時に、それまでの主力坑であった大浦、勝立、七浦、宮原坑が閉坑した。

宮原坑は昭和六年（一九三一）五月一日、閉坑。

現在、第一竪坑は消滅し、捲場、櫓ともなくなっている。第二竪坑は、櫓、捲場装置もあり、捲揚室は、レンガ造切妻平屋で屋根は現状で波形スレート葺き。内部に二基の捲揚機がすえられている。捲揚室のレンガはイギリス積み。櫓は鉄骨造。

坑形は七・五六メートル×四・〇二メートルの矩形。

当時、三池には、三池集治監・福岡県三池監獄・熊本県監獄三池出張所などがあって、宮原坑も囚人を昭和五年一二月まで使役していた。その後坑夫の主力は、一般から求めて、それを良民坑夫と呼んでいた。昔は宮原坑のことを「修羅坑」と呼んだが、いまはそれを知る人は少ない。

〔名称〕　三井三池炭鉱跡　宮原坑跡　国の重要文化財・史跡　指定

〔所在地〕　福岡県大牟田市宮原町一丁目八六―三

團琢磨は三池炭鉱の基礎をつくり、三池港築港もしてくれた。昭和七年（一九三二）三月五日、血盟団事件で財界のトップとして右翼に暗殺された。

同年一月には上海事変が勃発していた。その後五・一五事件が起こり、四年後の昭和一一年（一九三六）に二・二六事件が起きた時代であり、生活難と失業者が増加し、労働争議が多発し、昭和恐慌といわれた大不況になった。

9　大正七年（一九一八）の三池争議、万田坑の暴動

「九月二日、万田坑からの採掘が遠くなったため、海底で採炭し、万田坑の通気をよくしようと、いよいよ四山竪坑の開鑿がはじまった。ここは万田坑の断層近くであった。

この頃、万田坑では、坑長以下従業者およそ四八〇〇人で、その中、採炭夫が一五〇〇人ほどいた。

ここでは、採炭夫が炭函に石炭を山盛りして出した場合、それを出函と呼び、すりきりの函よりは、当然多くの収入を得ることになっていた。もともと一トン炭函といっても、満載すれば、ほぼ二トンにも達した。ところが、出函に対する賃金計算が正しく行われず、山盛りすりきりとほとんど同じに扱われたので、採炭夫たちは、かなり不満をいだいていた。

一方、米の値段がぐんぐん上がったので、坑夫や職工の生活は、日ましに苦しくなった。しかも、万田坑でも、社員と坑夫・職工の待遇は差がひどく、社員の中には、横柄だったり、不公平だったりする者もいた。

四月四日午後七時四〇分、万田坑で、検炭係の者が、三番方である甲方採炭夫の出函数の引き合いを始めたところ、酒を飲んだ採炭夫およそ四〇人が、どっと押しかけて来てはかり方をごまかしている、と食ってかかった。それから、およそ三〇〇人の坑夫が押しかけて来ると『採鉱場を叩きこわせ。扇風機に石を投げ込め。』などとわめきながら、手当たり次第に石や瓦それにツルハシを投げて、一坑見張所・二坑繰込場の窓や器物をこわし、さらには売勘場・汽缶場・検炭所・安全灯室・職員浴場・炊事場・選炭機室などを占拠した。

この騒ぎで、会社幹部はす早く身をかくし、守衛の一人が怪我をした。坑長は、妙見池に首まで浸かっていたといわれている。

やがて、この一団は、女をまじえて八〇〇人ほどにふくれ上がり、完全に暴徒と化してしまい、一部の者は売勘場で酒樽をあけてがぶ飲みしたり、反物その他を奪ったり、テーブルや障子をめちゃめちゃにこわした外、所によっては、火をつけるなど、思いのまま暴れ廻った。

万田坑の近くには、巡査部長派出所があったものの、どうすることもできなかった。驚いた会社からの知らせで、大牟田警察署と長洲分署から、直ちに警官全員が万田坑に向かい、憲兵もかけつけて、容易にしずめることができぬと見てとると、在郷軍人と青年団員の応援を求めた。しかし、暴徒は、石や煉瓦などを手当たり次第に投げつけるので、手のほどこしようがなかった。そこで、大牟田署と会社は、谷口福岡県知事に事態を急報した。知事は、事の重大さに驚いて、すぐさま、久留米の第一八師団に出動を要請した。

軍警の出動

師団は、歩兵第四八連隊第一大隊から、第一・第二の二個中隊を派遣することにした。これは、将校一二人・准士官三人・下士官・兵卒二〇八人で合計二二三人に及んだ。

そこで、第一中隊では、その先発隊として、木庭中尉のひきいる三〇人が、自動車三台に分乗して久留米を発ち、夜中の道をまっしぐらに南下し、やがて本隊も汽車で大牟田へ急行することになった。

九月五日午前一時ごろ、木庭中尉らの先発隊が万田坑に近い神田に着いた。そのごろ、暴動は、宮原坑・勝立坑その他の工場にも飛び火して、万田はもとより、駛馬・三川の一帯まで手のつけようもない混乱におちいっていた。

木庭中尉は、暴動のすさまじさに驚くと共に、尋常な威嚇だけでは鎮圧できぬと見て、空砲をうちつつ暴徒を押しまくることとし、兵たちに着剣させると、抵抗する者は、かまわず撃て、と命じた。

二時過ぎ、汽車の本隊も大牟田駅に着き、山の上クラブに本部をおくと共に、納富大尉の第一中隊は万田に向かい、執印大尉の第二中隊は宮原坑・勝立坑その他に配置された。

二時半ごろ、炭鉱の汽車で第一中隊が万田に着くと、すでに、警官も一〇〇〇人ほどがかけつけており、さらに熊本から、香坂警察部長以下一〇〇人余、瀬高・若津からおよそ三〇人がかけつけたので、軍警の陣容は一三〇〇人にも達した。

なお、熊本地方裁判所から、村上検事正と検事数名も出張して、検挙を指揮することになった。

鎮圧と検挙

このごろまでに、暴徒は、万田坑の構内や長屋に二回も押し寄せていた。そして、いよいよ三回目に押し寄せた時、木庭中尉のひきいる先発隊が、空砲をうちながら迫った。さすがの暴徒も、これにひるんで、占拠していた汽缶場などから引き上げかかると、ハッピを着たり、頬かむりした警官が一団の中にもぐりこみ、暴徒たちと同じように騒ぎ立てながら、気づかれぬよう、周囲の者に赤インクを振りかけた。

空砲やサーベルの音、それに提灯の灯りで、物々しく緊張した空気が流れると、暴徒たちはめいめいの家へ逃げこんでしまった。

かくて、夜が白み、次第に明るくなるにつれ、白シャツの赤インクを目印にして、大掛かりな検挙が始まり、一一時までに早くも一〇〇人余りがつかまり、昼過ぎになると、暴動は一応おさまった。

それからも検挙は続けられ、一五五人が、次々に自動車で高瀬の警察へ送られた。その中には、暴動見物の野次馬もあったといわれる。

続く警戒

ところが夕方になると、暴徒が宮原坑を襲うとの噂が立ったので、一八師団からは、さらに岩崎大尉のひきいる一個中隊が増派されることになった。午後七時、岩崎中隊は三池に着き、直ちに在郷軍人と青年団員を、その指揮下に編入した。

しかし宮原坑を襲うというのは、全くのデマで、何事も起こらなかったとはいえ、万田坑は全く平静に帰った訳ではなかった。そこで、軍警を中心とする警戒が厳重に続けられたので、さすがの暴徒もその大規模さに全く手が出なくなった。こうして、構内も長屋も見回りを続けられた。

九月六日の早朝には、長屋のあちこちの下水溝などで、売勘場から持ち出された反物などが見つかった。

この暴動で、幸い機械や設備は無事だったものの、この日まで、三池の各坑は全く機能が止まってしまい、入坑する者は全くなかった。

万田坑の保育園に勤めていた女たちは、毎日、警官その外のため、握り飯を作らねばならなかったので、手のひらの熱いのに弱っていた。

翌七日、勝立坑で二番方の坑夫が初めて入坑し、これから各坑でも坑夫が入坑するようになって、形の上では、どうやら、人々の動揺も消えたかに見えた。

この暴動は、石炭のはかり方への不満がもとになったもので、坑夫たちに米の不足は絶対なかったといわれる。

かくて八日、人々の心もやっと平静を取りもどした。そこで一一日、軍隊は、すべてを警察に任せて引き揚げ、九月一二日、三池はやっと平穏に帰った。

この暴動の結果、炭鉱社では、検炭規定を改正したり、売勘場・医局などの福利施設を改善して、坑夫の待遇を向上させたものの、労働者には、団結や組織の必要を認めさせ、それが、普通選挙をかち取ろうとする運動につながって行くことになる。」

（麦田静雄著『荒尾史話』四巻より）

10　大正一三年（一九二四）の三池争議

「このごろ、わが国では、労働時間の短縮や賃金の値上げを要求する労働争議がひろがった。四月、それが大牟田にも及び、三池製作所の従業員が主役の争議であり、争議団の出した要求は、次の四項であった。
一、賃金三割昇給し尚五〇銭増加の事。
二、退職金の増額。
三、共愛組合の撤廃。
四、（イ）公傷者に対する休業或は入院の場合は本給を支給する事。
但不具廃業疾となりたる場合は一等二等に区別し、一等千円以上、二等二千五〇〇円以上支給の事。
（ロ）公傷患者にて死したる場合は二千五〇〇円以上支給の事。
共愛組合は、大正九年三月一日、会社が、米国でとられている工場委員会の制度をもとに、労使の協調を目指す共愛組合を、全事業所に組織し、進歩的な労務管理であったが、独占資本の労働者懐柔の機関であった。

かくて四月二二日、三池における全事業所の従業員が一斉にストに突入した。これには、共愛組合の購買会に不満な地元商人も応援した。

しかし、三井では、東京大震災の痛手がひどく、鉱山に対しても、経営の引き締めを指示していたほどなので、この要求に応ずることはできない。

そこで会社は、争議団の代表委員に、六月一日の定期昇給で善処する、と告げた。そこで代表委員は、一応、定期昇給を期待することにした。

かくて、四月二四日、ストは解除になった。

六月一日、三池の争議団は、定期昇給に不満をいだき、六日、ストが再開された。ただ、これには宮浦坑の外、採炭夫は参加せず、また、荒尾警察署の力によって、四山坑だけは、この争議に巻きこまれていない。

一六日、連合争議団は、要求事項の中、賃金の五割増しを、一割増しに訂正した嘆願書を会社に提出した。これから、しばしば交渉が行われものの、なかなか解決の糸口がつかめないので、荒尾の余田町長は、大牟田市長岩井敬太郎とその調停に立ち、万田坑の争議団長江良○○を自宅に招いて説得につとめた。

六月三〇日、余田らの調停が実を結び
一、三井は、なるべく請願の意志に協力する。
二、争議者をやめさせたり、責任者を出したりしないなどの条件で解決することになった。しかし、それからも従業員たちはなかなか平静にもどらない上、代表者たちも職場に帰りたがらないので、余田がそれでは、坑内をしずめることはできぬから、誰か、ぜひ現場に帰って、皆をしずめてもらいたい。
とすすめたところ、江良団長は、代表たちと相談の末、涙を流しながら、やってみましょう、と引き受けた。その後、余田は、万田坑に赴いて、争議の参加者を会議室に集め、稲荷田稲助主任と共に、懇々と将来を戒め、これで、すべてがやっと終った。
大正一三年三池争議に参加した事業所、
三池鉱業所・三池製作所・三池港務所・三池染料工業所・三池精錬所争議は六月三〇日全面解決した。」
（麦田静雄著『荒尾史話』四巻より）

七　戦後の三池炭鉱

昭和二〇年（一九四五）～

平成九年（一九九七）まで

私は昭和二一年（一九四六）四月、四山鉱に坑内機械工として入社した。日本が連合国に無条件降伏して一年も経っていなかった。大牟田、荒尾両市ともに戦災を被り、市民の多くは着のみ着のままで焼け出されていた。政府は、同二〇年一二月「労働組合法」を、二一年九月「労働関係調整法」、二二年四月「労働基準法」といわゆる「労働三法」を制定した。労働組合も組合員も急速に増加した。

衣・食・住に職のない時代に戦災者、海外引揚者、復員軍人などの多くは炭鉱へ職を求めた、その魅力は賃金もさることながら、主食（米）の配給が一般家庭より多く、一日当たり本人六合、家族三合であり、一般の配給が一人二合一勺（二九七グラム）の食料難の時代であった。主食だけでなく副食や酒・煙草・作業用品まで配給量が増加され、いわゆる「マル炭」である。「マル炭」が欲しいばかりに、教師や銀行員を辞めて炭鉱マンになった人もいた。

政府の援助で炭鉱住宅の建設も進められ、荒尾市に緑丘社宅約一六六〇戸が建てられた。この時代は国の経済復興をさせるため、石炭の増産が叫ばれていた。出炭は、戦時中のピーク時の同一九年（一九四四）には年産四〇〇万トンを超えたが、敗戦直後の同二〇年（一九四五）二一年（一九四六）度は最盛時の半分もなかった。それが戦時中の荒廃を克服し、出炭を回復したのは、占領国アメリカの援助もさることながら、労働力の投入と膨大な資金と資材が優先的に供給された、いわゆる「傾斜生産」であった。

この時代の坑内作業は機械化が遅れ人海戦術に頼っていたため、労働者は過剰となり、やがて労働紛争の火種を抱えることになった。同二四年（一九四九）四月、原料炭を除き大部分の石炭の配給統制が解除された。こうして石炭鉱業は、自由市場になった。だがこれは、激しい販売競争の場に立たされることを意味した。石炭各社は、否応なしに炭鉱の近代化と経営の合理化によってコストを引き下げねばならなくなった。ちなみに同二四年四月から翌年一月までの間、安定恐慌のあおりを受けて休廃業に追い込まれた炭鉱は、二〇〇坑を超えている。

同二五年（一九五〇）六月二五日、朝鮮動乱が勃発し、この戦争で石炭産業は息を吹き返した。石炭景気は短く、同二八年（一九五三）からエネルギー革命のアラシを迎えるようになった。坑内では機械化が進み「カッペ採炭法」の採用がなされ採炭様式が大きく変わり画期的な技術が導入された。人工島、初島の建設は三池炭鉱の若返り策として、同二四年（一九四九）一一月に工事にかかり、同二六年（一九五一）六月、築造に成功し、同二九年（一九五四）ここに「初島竪坑」が完成され、海底の坑道に新鮮なオゾンが送られることになった。続いて同二七年（一九五二）一二月には港沖人工島の工事に着手し、翌二八年（一九五三）九月に完成し、続けて同二九年（一九五四）五月、通気竪坑の開鑿を始め、同三四年

（一九五九）三月に完成した。通気の改善、深部開発がされるようになった。

同四〇年（一九六五）八月には四山鉱は旧四山鉱より港沖四山鉱（第二人工島）に移転した。同四八年（一九七三）には第三人工島である三池島もできた。「石炭冷遇時代」の同四三年（一九六八）、日鉄鉱業が湧水などを理由に約千メートル残して開発を中止していた「有明炭鉱」を四八年四月、三井鉱山が再開発に着手、四九年（一九七四）一二月には一三年ぶり〝着炭〟三池海底炭田に新炭鉱が誕生した。

同二八年（一九五三）からカッペ採炭法も採用され坑内の機械化が進んだ。同時にカッタ、コンベアなどの切羽用機械も長足に進歩した。労使の紛争は昭和二七年一〇月一三日より賃金交渉をめぐり、四八時間スト、一七日より無期限ストに突入した。二八年には人員整理の撤回を求めて一一三日ストがあった。昭和二八年から三〇年にかけて石炭業界は深刻な不況に見舞われ、貯炭は四〇〇万トンを超えていた。そこで、合理化工事を促進する一方で、非能率炭鉱を整理し、坑口の開設も制限することが欠かせなくなった。こうして整理と造成がセットされ、スクラップ・アンド・ビルドという構想が浮かび上がったのである。三一年（一九五六）一〇月に始まった第二次中東戦争によって、中東原油の入手不安が表面化した。石油も輸入炭の価額も高騰して、国内炭の需要は高まり、予期せぬブームに乗って、石炭業界は増産に告ぐ増産を続けた。三二年スエズ動乱が収束してからは、「なべ底不況」と呼ばれ低迷期に入った。二八年に起きた一一三日の争議の結果、「会社が指名解雇の撤回をのまされた」という事実が、組合側の志気を高めた。三池労組は、この争議を「英雄なき一一三日の闘い」と自賛したが、争議後は、職場復帰者が「英雄」となって、組合内部の発言力を増し、職場闘争の全面に踊り出たのである。すでに職制の権威は地に落ち、職場秩序は日に日に乱れ、生産は停滞を続けた。職場闘争は先鋭化し、三池争議への道を歩み始めていたのである。

昭和三四年（一九五九）一二月、一二〇二人の指名解雇をめぐる労使の対立は激しくなった。会社は、三五年一月二五日から争議が解決するまで全面ロックアウトを通告した。組合は同日から無期限ストをもって応じた。三池の全機能は完全に停止し、争議は一段と長期化した、「三池争議」である。

同年三月一七日には「三池炭鉱新労働組合」が誕生し

た。二三日に新労は生産再開のため団交を会社に申し入れた時には、新労の組合員は四六三〇人に達していた。二四日から生産は再開された。争議は刺殺事件があり解決は遠のくことになった。九月六日中労委の斡旋で解決した、無期限ストとロックアウトは一一月一一日解除された。同三五年（一九六〇）一二月に生産を再開した三池炭鉱は、職組と新労組の積極的協力のもとに日産一万五〇〇〇トン体制の確立を目標に出発し、飛躍的に生産を拡大させた。機械化が進みホーベルの導入やスライシング払が実施されるようになった。

昭和三八年一一月九日、三川鉱で炭塵爆発が発生した。四五八人が死亡し、多数の重軽症者が出た。三池争議を克服し、立ち上がりかけた矢先であった。

同四八年（一九七三）八月「三井石炭鉱業株式会社」が設立され、三井鉱山より分離した。同五九年（一九八四）一月一八日、有明鉱で坑内火災がおき、八三人が死亡、一六人の負傷者を出す大惨事となった。三五年の三池争議、三八年の三川鉱大爆発はわが国のエネルギーが石炭から石油へと大転換する渦中でおきた。

昭和六二年（一九八七）三池鉱で希望退職を募り人員の合理化がなされ、三年間に一八五〇人削減された。同年九月三〇日、四山鉱が坑口を閉鎖した。同年一〇月、三川鉱を三池第一鉱として統合した。有明鉱を三池第二鉱に名称を変更した。

平成元年（一九八九）九月三〇日、三池第一鉱坑口を閉鎖した。同年一〇月、第一鉱・第二鉱を三池鉱として一鉱体制となった。

同九年（一九九七）三月二九日に採炭停止した。翌三〇日、三池鉱は坑口を閉鎖した。これをもって三井石炭鉱業・三池鉱業所閉山。

八　昭和三五年（一九六〇）の三池争議

三権の委譲

炭労の場合、職場闘争は①職場で大衆交渉し、②解決しない場合は組合の執行部が要求をまとめて団体交渉していく、という形だった。しかし、そのなかで、三池労組だけは「執行部の方針と一致するかぎり、職場で解決するまで大衆交渉する。苦情を持ってきた場合も執行部はすぐに処理せず、いったん職場に差し戻す」といった方法をとった。この方法は一般組合員の組合活動を活発にし「大衆闘争」の広がりを持たせる結果になったが、半面、職場で作業拒否や入坑遅延などの実力行使を引き起こした。

昭和三一年（一九五六）にはこの職場闘争をさらに徹底、一四九の各職場分会にスト権、交渉権、妥結権の三権を委譲した。このため職員が鉱員を統制出来ない職場も出てきた。会社はこの末端職制のマヒを「経営権の侵害」とみなしたのだった。労使の主張は真っ向から対立したわけだ。

同三四年（一九五九）九月石炭大手一八社は早くも三池が大争議に発展するのを見越していた。「石炭鉱業合理化のためやむをえない争議」と意見が一致した。三池炭を使っていた九州電力、三井化学、東洋高圧、三井金属、三井合成など関連七工場の貯炭が、減ったため、一八社が肩代わりして送炭を続けた。「この支援で三池はロックアウトに踏み切ることが出来た」と会社はいう。

一割を指名解雇

最大の大手「三井鉱山」も経営が悪化、同三四年には二度にわたって労組に合理化案を提示した。三池炭鉱の退職勧告一四九二人（一割弱）をおもな内容としたきびしいものだった。同三四年一二月九日を期限として退職勧告を出したところ、組合の妨害にもかかわらず二一四人の応募者が出た。会社はさらに、勧告に応じなかった一二七八人に対し、一二月一五日までに退職を申し出ぬ者は同日付で解雇するとの解雇通知を郵送した。

しかし、組合の締め付けはきびしく、期限までに申し出た者はわずかに七六人、結局一二〇二人が解雇となった。この時の解雇通知書はヘリコプターから会社の山上クラブに投下、一括返上された。

このような中で、三社連は、企業の存立に対する危機感をふかめた。そして三社連に先行して争議を妥結するため、妥結権を委譲するよう再三炭労に迫った。炭労も情勢上やむなく一二月六日にこれをみとめたので、三社連は翌七日、会社と第二次再建案について全面的に合意し、協定に調印した。

会社は、被解雇者に対して一二月一六日以降会社施設への立入禁止を通告した。しかし、同日一番方から、被解雇者は一般組合員や主婦会に囲まれて強行入門し、繰込みを妨害した。このため各繰込場は混乱し、職制の吊るし上げや入坑遅延が続出した。ことに三川鉱の混乱は激しく、坑内の保安も脅かされる状況になったため、会社は、直ちに福岡地裁に三川鉱被解雇者四九七人の坑内立入禁止仮処分を申請した。このため混乱はしだいに収まっていった。

また、会社は、減員に伴う配置転換や職種変更についても組合と交渉したがまとまらなかった。やむなく会社は、必要最小限の配置転換につき業務命令を出したが、組合はその拒否を指令し、配転者の強制就労、入坑遅延、業務拒否などが相次いだ。このため会社は、三鉱連と三池労組に対し、三五年一月二五日一番方から争議が解決するまで港務所を除く全面ロックアウトを通告した。これに対して、組合は、直ちに港務所支部を含め同日一番方よりの無期限ストをもって応じた。三池の全機能は完全に停止し、争議は一段と長期化の気配をみせ始めた。

三月一一日、三池労組中央委員(二五四人)中の批判派六九人は、執行部に対し戦術転換のための緊急中央委員会を開催するよう申し入れた。三池労組は、これに応じて一方、組合員全員の社宅外への外出を禁止して署名運動を開始した。批判勢力も同様に署名運動を開始し、委員会の前夜は、双方とも徹夜で警戒態勢を敷くという緊迫した情勢となった。三月一五日に開催された中央委員会の席上、批判派委員を代表して菊川武光が、激しい怒号の中で、事態収拾のためストを中止して団交を再開することを提案、その採否は全組合員の無記名投票の要求を無視して、中央委員会で採決することを宣言した。このため、批判派委員は一斉に退場、会場前に待機した同派組合員三〇〇〇人とともに市民の拍手を浴びながら同派の決起大会会場に行進した。

新労働組合を結成

決起大会は、直ちに「三鉱労組刷新同盟」結成大会に切り替えられた。その方針として、①統制に名を借りた人権蹂躙と断固闘う、②三池労組の徹底的刷新と民主化の推進、③今次闘争の即時解決などを決議した。

「刷新同盟」は、あくまで三池労組に踏みとどまって組合を刷新し、闘争の戦術転換を全組合員に訴えていくことを標榜していた。ところが、残された中央委員会は、憤激のあまり批判派役員の権利停止と炭労から支給される一万円の生活資金の打ち切りを決議した。これは、かえって刷新同盟を追い込むことになった。労組役員としての批判活動を封じられるばかりか、刷新同盟に参加した組合員の糧道を絶たれることになる。参加者の動揺と離脱を防ぐには一刻の猶予もできなかった。刷新同盟代表委員たちは、新労組の結成を決意し、三月一七日、新労働組合結成大会を開催、三池労組からの離脱を決意した。組合長には菊川を選出した。「三池炭鉱新労働組合」（新労）の誕生である。新組合員は三〇六五人、以後日に日に増加して、二三日に生産再開のための団交を会社に申し入れた時には、四六三〇人に達していた。

三月二四日、会社と新労は、一切のストおよびロックアウトを解除し、速やかに生産を再開することを協定した。新労および三池職組は、二八日一番方から生産を再開し、就労後は各鉱構内に篭城して生産を続ける方針を決定した。新労はまた、全日本労働組合会議（全労）に支援を求め、全労では、三池新労支援対策委員会を設け、全国よりオルグ（支援団）を動員して強力な協力体勢を敷いた。

一方、一労は、生産再開を大衆行動で阻止する方針を決定、総評と炭労もオルグの緊急動員を指令した。二四日までにオルグ団四〇〇〇人の動員が完了し、各鉱の周辺でものものしい警戒態勢を敷いた。こうして、三池争議は、労働界を二分し、総評対全労の対決という形に発展していった。このような緊迫した情勢の中で、就労第一陣の四山鉱新労員三三一人が、三月二七日夜、一労側ピケ隊の意表をついて、三角港（熊本県）から第二人工島に上陸し、その港沖竪坑から入坑した。続いて二八日の早朝、新労は一斉に就労を開始した。宮浦鉱では、ピケ隊に阻止され、就労を断念した。三川鉱でも、一〇〇〇人余りのピケ隊が待ち受けていた。新労員一六〇〇人のうち二隊が表門と裏門を突破する動きをみせた間に、残る一隊が東仮設門横のコンクリート柵をよじ登って入坑を始め、ピケ隊の殴打を浴びて三〇人余りが負傷しながらも三九六人が入坑に成功した。

三池労組側は会社側の生産再開を予想して鉱業所の周囲にピケを張った。強行就労しようとする新労組合員や職員と、これを阻止しようとする三池労組員が衝突、血みどろの乱闘が繰り返された。三月二九日には四山鉱でピケを張っていた三池労組員が、大牟田市内の暴力団員に刺殺される事件が起こった。

政府が争議介入

三池新労と職組によって生産が再開されたため、三池労組は四月、三川鉱のホッパー（貯炭槽）を占拠して送炭を阻止する作戦に出た。そこで会社側は、ホッパーの立ち入り禁止の仮処分を福岡地裁に申請、地裁はこれを認めた。このころ安保闘争の波が全国的に高まったため、流血必至とみられた仮処分の強行執行に対して、警察当局は慎重だった。夏の暑い日差しの下で、ホッパーを囲んだ労組や総評オルグ、部落解放同盟員ら約二万人が警官隊約一万人と二〇〇メートルほどの間隔でにらみ合いを続けた。三池労組側の服装はヘルメット、ヤッケ、覆面姿の〝ホッパースタイル〟であった。警察が実力行使を決めた七月二〇日当日、新池田内閣の勧告を受けた中労委が〝最終的〟に職権斡旋に乗り出すことになった。

会社は七月二五日、斡旋の受入れを決定した。中労委は、八月一〇日、「第二次斡旋案」を提示した。その内容は、①組合のいわゆる活動家は会社のいう生産阻害者である、②三池の職場闘争の実態は正常な組合運動の枠を逸脱した事例がある、③今次争議に現れた暴力行為は明らかに常識の域を脱しているという判断に立って、一労の闘争戦術をすべて否定したうえで、「解雇問題収拾のために一ケ月の整理期間を置き、それを経過したものについて、会社は指名解雇を取り消し、解雇該当者は期間満了の日に自発的に退職したものとする」というものであった。

会社は、八月一三日、これを受諾した。炭労は、やむなく事態収拾の方針で臨時大会を開いたが、容易に結論は出なかった。しかし、再三の会期延長の後、九月六日にいたり、離職者の完全就職、石炭政策の転換などの条件を付けて受諾した。

退職期限の九月二九日、被解雇者一一六四人(当初一二〇二人の指名解雇者中三四人が退職、四人死亡)のうち九九五人の勇退届をまとめて提出し、残る一六九人が自発退職となった。三池労組は一二月一日一番方より就労した。

九　三川鉱炭塵爆発

昭和三八年(一九六三)一一月九日午後三時一二分頃、無気味な爆発音が炭都を揺るがした。第一斜坑の坑口を一キロ下がった坑内で起きた炭塵爆発。炎と煙が坑内を走り回った。直撃弾をうけたように吹っ飛んだ坑口。付近の樹木やガラス窓もメチャメチャ。坑道のあちこちに重なり合ったむごい遺体。目をそむけたくなる地獄絵図を繰りひろげた。死者四五八人、CO(一酸化炭素)中毒患者八三九人。ちょうど一番方と二番方の勤務交代時だったのが、犠牲を大きくした。一番方の残業、常一番の昇降、そして二番方の入坑と、約一四〇〇人が坑内にいた。その第一斜坑で、炭函の連結部分が切れて暴走した。車輪の摩擦熱などが火源となって、集積していた炭塵に引火し、大爆発が起こった。

ここから中毒患者たちの長くて、みじめな闘いが始まった。意識、歩行、言語などの障害。激しい頭痛や眩暈。CO中毒の恐ろしい後遺症。これといった治療の決め手はない。この間四一年（一九六六）一一月に労災法の補償期限がきれ、患者の大半に当たる七四六人が「症状固定」として治癒認定された。残り九〇人は、長期傷病補償給付者や一時経過観察者として、労災法による補償が続いた。

意識が戻らないまま、生けるしかばね同然の人もいた。発作や言語障害の後遺症に悩む人は多い。働き手を失っての一家離散、看病疲れの主婦の蒸発、失職から生活に困る者が多く出るようになった。

主婦の三川鉱坑底座り込み

CO闘争に結集した三池炭鉱労働組合の主婦たちは四二年（一九六七）七月一四日午後七時すぎ、三川鉱鉱長室などにすわりこんでいた三池労組CO中毒患者家族会の主婦ら七四人は、突然会社側の管理のスキを突いて、同坑第二斜坑に侵入、徒歩で約一八〇〇メートル降り七目貫の坑底にすわり込んだ。ハチ巻き、タスキがけ、スラックス姿はいつもの〝闘争スタイル〟だが、女だてらに危険な坑内へ毛布一枚ですわり込んだのは、まさに決死ともいえるものだった。

主婦たちの目的は、国会審議中の一酸化炭素中毒症特別措置法（CO法）案に、五五歳までの解雇制限、被災前収入の保障、完全治療の継続の三要求を成立化せよ、会社はもっと患者や家族に誠意を示せというものであった。CO立法には、三池労組、同新労組はもとより、紛争解決とヤマの平和を願う大牟田・荒尾市民も政府の善処を強く望んでいただけに、主婦たちの行動には初めは、無謀さや違法性を越えてその気持ちを理解する声も少なくなかった。

食料や医薬品など三池労組員が入坑時に持参、家族との交信もある程度自由だったが、最悪の環境では気丈な主婦らも三日、四日とたつうちに疲労が激しくなり、診察に向かった大牟田地評診療所の医師は「一週間が限度。伝染病発生の恐れもある」と警告した。高血圧などで耐えられなくなった四人は関係者に説得され、一一二時間ぶりに真っ青な顔ではい出るように昇坑した。

一方、東京では同家族会の別働隊約一〇〇人が、労働省玄関でハンストを敢行、ビラ配りや署名活動で都民に協力を訴えた。ヤマと東京を結ぶ主婦の必死の叫びは国会を動かし、成立が危ぶまれたCO法案は、難産の末やっと可決された。

一応通常国会で介護料の支給、回復者の検診などを骨子とする法案成立にはこぎつけたものの、前収保障や解雇制限をとりつけるまでには至らなかった。

こうしてすわり込みから一週間目、二〇日夜一四四時間ぶりに全員が昇坑。白い目隠しが痛々しい主婦たちは、鉱員や同じ炭住の主婦らに抱きかかえられ病院へかつぎこまれた。炭鉱労働史上異例のすわり込み事件は、再び三池を全国にクローズアップして、騒然とした中で幕を閉じた。

三池炭鉱労働組合主婦会ができたのは昭和二八年(一九五三)七月。「坑夫」といわれた底辺労働者を社会的、経済的に向上させることを目指して生まれた。

一週間にわたって炭都大牟田・荒尾を緊張させた三井三池三川鉱の一酸化炭素(CO)中毒患者家族の会主婦の三川鉱坑底すわり込みは、わが国の社会労働史上、きわめて異例の立法闘争であり、手段の是非はともかく目的完遂のためには一歩も退かぬ「三池の主婦」のたくましさを、改めて見せつけた。

十　人事係事務所

三川鉱、四山鉱、宮浦鉱、有明鉱などの各鉱に人事係事務所がおかれていた。人事係の業務は大きく分けて外勤係と内勤係があった。外勤係は世話係と営繕係の事務があり、内勤係は給与・管理・整員・健康保険・労災保険・福利・衛生管理・庶務の各係があった。世話係のことを元は世話方と言っていた。世話方制度があり、職務は社宅居住者、外来居住者(自宅等)の従業員の万般の世話、会社への手続きなどをしていた。同時に会社の労務管理の末端機構として大正、昭和と重要な役割を果たして来た。

世話方は一人で一五〇世帯から二〇〇世帯ぐらい担当していた。鉱員の出勤督励はもとより、社宅の修理の受付、出生、死亡、傷病手当、休業補償、家族手当などの手続きまでしていた。

人事係の仕事で印象に残る仕事は衛生管理であった。

当然「衛生管理の資格」を持っている人がしていた。それは苦しい思い出である、昭和三〇年（一九五五）後半から同四〇年前半まで毎年七月に入ると、伝染病予防のため社宅の消毒を一斉にしていた。四山鉱が管理していた社宅が二〇〇〇戸ぐらいあった。その社宅を一軒一軒、動力噴霧器を取り付けたリヤカーを引っぱって消毒して、七月中に終らせていた。消毒液は吸うし、汗が出て水は飲むので身体の具合が悪くなり、とうとう病院に担ぎ込まれた人もいた。

もう一つ給与係がある。人事係の給与係では給料の計算はしていなかった。家族手当の申請、有給手当、退職金の計算、給料日の世話などであった。

三池炭鉱では鉱員の給料日のことを「金受け」と言っていた。年二回支給される手当も鉱員はボーナスではなく、期末手当であった。「金受け」は毎月一五日であった。期末手当は八月と一二月に支給されていた。人事係の窓口の前に、夏の炎天下でも冬の雪降りの日も鉱員さんとその家族は長蛇の列をつくって、「人事係長証明付きの印鑑と健康保険証」を差し出し給料袋をもらっていた。人事係長証明付きの印鑑を「金受判」といっていた。

十一　売物店《ばいぶってん》

三池炭礦では、従業員の福祉増進、救済救助のために明治二三年（一八九〇）に売物店が社宅内に開設された。利用は、はじめ採炭夫に限っていた。同四〇年（一九〇七）ごろから、一般坑夫、日雇いなどに利用させた。同三二年（一八九九）に売物店の名称を売勘場《ばいかんば》に改められた。大正九年（一九二〇）に三井三池友愛組合経営となり、同一二年（一九二三）三池共愛購買組合となり、昭和一四年（一九三九）三井三池共愛会に改組された。

同二四年（一九四九）頃までは日本はまだ物資が不足していて飢えと荒廃の時代で衣・食・住が不足していた。売勘場から配給所と名称が変わっていた。大牟田市・荒尾市に配給所が一八カ所あった。配給所は三池鉱業所資材部物資課の管轄であった。

戦後の物資不足には占領国アメリカが食糧、衣類などを放出してくれた。日本人にとっては、乾季の慈雨であった。これらの物資をリンク物資といっていた。三池炭鉱の各配給所にも従業員用にアメリカ軍の中古の軍服、毛布、タバコ、缶詰などが来ていた。配給所では燃料として坑内から上がった古坑木を適当の長さに鋸で切って配給していた。自宅で割って薪にして燃料に使っていた。その他コークス、次に豆炭に替わり、最後には練炭を配給していた。コークスと豆炭は鉄製の「ガンガン七輪」に火をおこしていた。冬は暖房にも使用していた。自宅通勤者には風呂焚き用に石炭を配給していた。リヤカーや鉄製の車輪の付いた「押し車」を押してガラガラと金属音をたてながら歩いて配給を受けに来ていた。

当時は「電気コタツ」も「石油ストーブ」もなかった。現在の日本は、豊かで変化に富んだ食生活を楽しんでいるが、いつ不幸の底に落ちても失望しないためにその用意を考えておく必要がありはしないかと思う。

配給所から売店に店名が変わった。

販売品目は主食、食料品、菓子、酒類、タバコ、衣料品、履物、燃料（練炭・石炭）など、品物はよく、市価より安く売っていた。

普通の商店にない物では、坑内作業着、ヘルメット、脚絆、保安靴、地下足袋、安全灯用ベルト、手袋を売っていた。

十二　勤務時間

炭鉱の勤務時間は、昼間だけの勤務と、三交代勤務の四つにわけられていた、拘束八時間勤務であった。

昼間だけの勤務

常一番　朝八時頃　～　夕四時頃まで

三交代

一番方　朝　六時頃　～　昼　二時頃まで

二番方　昼　二時頃　～　夜　一〇時頃まで

三番方　夜　一〇時頃　～　朝　六時頃まで

勤務時間は職種によって違っていた。各方に甲方・乙方・丙方の名称がつけてあり、四山鉱だけはイ方・ロ方・ハ方であった。出勤率は三番方が夜勤のため、休みが一番多かった。

会社では、人事係の世話方を使い「採炭工」「堀進工」の出勤を督励していた、「出勤督励」に賞品とか賞金を与え生産を増加させる方策であった。

「各方」で出役・出炭競争がなされていた。社宅の山ノ神さんの境内には、「甲方優勝」とか「イ方優勝」と鳥居や石灯篭に刻まれている。これは出役・出炭競争をさせたことを物語る記念碑である（本書三六頁の写真30、31参照）。

炭鉱には、どのヤマにも、山ノ神さまと呼ばれる神社があった。万田坑の山ノ神さま・宮原坑の山ノ神さまというように、御神体は、いずれも大山祇命であった。祭礼は、花の盛りの、四月上旬。職場ごとの花見もしていた。神社は炭住街に近く、しかも、かならず社宅より高いところにあった。炭鉱の従業員宅には、神棚のない家は一軒もなかった。山ノ神さまは、つまり大山祇命は、炭鉱マンの守護神であった。

坑内では、落盤、出水、ガス爆発、坑内火災、炭函の暴走や脱線など、人びとはいつも死と隣り合わせであった。坑内の仕事は、度胸と五感の働きがなくては、よい坑夫とはいえなかった。

坑内は、通気がわるいばかりでなく、坑内独得の臭気が漂っていた。弁当は、作業現場で食べるのだが、坑内臭が鼻について馴れないうちは食欲が減退する。坑内の喫煙は、厳禁されていた。ガス気の多い場所は爆発の誘因にもなるので、入坑時に「煙草・マッチ」を所持していないか守衛が坑口で厳重な検査をしていた。

坑内では口笛を吹くのは「死霊を招く」との理由で禁止されていた。

十三　坑内の主な病気

水虫（ガスマケ）

足指の水虫は、坑内下がりのトレードマークである。炭マケ、という、身体ぜんたいの湿疹にかからぬ者はいない。たまらなく痒かった。掻きすぎると、患部がくずれて水泡ができても痒みは止まらない。

熱症

高温、多湿の坑内では、地上の日射病に似た、一種の熱症にかかることがある。みるまに手足の筋肉が突っ張り、身体が硬直して、血管がコブのようにふくれ上がる。

神経痛

坑内の仕事は腰を曲げて重量物を運搬したり、重い炭函を押したりする仕事が多いので腰痛になりやすい。

胃病

汗に水分をとられるので、どうしても水を飲みすぎる。

食欲が衰え、消化不良になる。甚だしいときは、天盤から落ちる赤水までつい口にすることもあった。

塵肺（珪肺）

堀進の仕事を長くすると塵肺に罹る人がいた。塵肺は珪酸塩を含有する粉塵を、長期間吸うことによって起こる慢性の肺疾患。鉱山労働者などがかかりやすい職業病であり、不治の病である。

炭鉱用語

＊　ここでは、三池炭鉱の現場で使われていた専門用語を主として、他に一般の用語であっても炭鉱現場で頻繁に使われていた語句も掲載した。
　昭和三八（一九六三）年、筑豊の三井田川・三井山野の両鉱業所から配置転換により数百名の従業員が三池に転入して来た。その影響で炭鉱用語も三池・田川・山野がほぼ一緒になっている。例えば「ボタ」のことを三池では「ガス」と言っていたが、田川・山野から来た人は「ガス」は坑内の「有毒ガス」発生と間違えるので「ボタ」と呼んだがよいとの意見から「ボタ」の名称に改められた。したがって用語は筑豊と共通したものも含まれている。

三池炭鉱の仕事と職名

三池炭鉱で使われていた主な職名とその仕事内容について以下に記す。ただし戦後を中心にまとめた。〈坑内〉作業については、重労働の順に記載した。

〈坑内〉

払《はらい》採炭　坑道をトンネルのように掘り進むのではなく、長さ八〇～一二〇メートル、厚さ八〇センチほどの炭層をドラムカッター（石炭を採掘する機械）で掘削する。自走枠の操作もする。作業員は運転マンを含めて一〇人くらい。

柱房採炭（小切《きり》羽《は》採炭）　上に建造物などがある場合、地盤沈下で鉱害が起こらぬよう碁盤の線の所だけを採掘して目の部分は掘らずに石炭を残しておく採炭方法。

掘進　二種類ある（職名では「堀」の字で表記していた）。

（1）岩盤掘進。岩ばかりの箇所を掘進する。ダイナマイトを仕掛けて発破・掘削していく方法と機械掘進法がある。場所によっては、この両方を組み合わせて掘進する。

（2）沿層掘進。炭層に沿って採掘する。高さ三メートルくらい。

仕繰　坑道を掘った後、天井が落ちないように枠を張る仕事。坑木で張る枠と鉄枠がある。坑木は松の木、鉄枠はレールをアーチ形に曲げた枠を使った。

運搬　採掘した石炭を坑外に揚げる仕事。電車、炭函、ケージ（エレベーター）を使って揚炭する。その他資材、岩石（ボタ）も運搬する。

乾式充填（乾充）　採炭後に天井が落ちないように坑木を井げたにして、天井まで積み上げ、天井をダイナマイトにより破砕、積み上げた井げたの中に岩を落とし込んで、高さ三メートル、幅二メートルくらいの太い支柱を作っていく。機械化が進み、昭和四〇年代以降は行われていない。

機械　機械全部の移動、修理をする。採炭機械ではベルトコンベアー、パンツァコンベアーの移動、修理がある。

電気　電気全般、ケーブルの新設、修理。電車の架線の取り付け、修理。

坑内特務員（内特）　次の五種類がある。

（1）検収…検査係。

（2）試錐…ボーリングをして炭層を調べる。

（3）測量…炭層にもとづいて、坑道をつくるための図面を作成する。

（4）通気…坑内の空気を調節する。

（5）倉庫番。

〈坑外〉

運搬
（1）炭函に積まれた石炭を坑口から選炭場の上まで押して行き、機械を操作して石炭を選炭場に落としてやる。
（2）炭函に積まれたボタを押して行き、機械でひっくり返して、別の炭函に積み替え、電車で引っぱって行き、海岸で三人で炭函を押してひっくり返し海に捨てていた。

選炭 石炭と岩石（ボタ）を選別する作業。採炭と同じように粉炭で顔も手もまっ黒に汚れる。

機械 坑内で修理出来ないものを修理する。

電気 坑内で修理出来ないものを修理する。社宅の電灯も担当していた。

鍛冶 ツルハシの先の焼きなおし。機械の部品の荒作り。

製罐 機械の部品の荒作り、ギヤ、ボールト、ナット等。

旋盤仕上 荒作りした部品を旋盤を使って仕上げる。

鋸目立 坑木を切るのに鋸が必要。毎日使う鋸刃の目立てと柄の付けかえをする。鉱内に二人いた。

雑役 会社内の除草、掃除などの雑用。

特務手 事務の仕事もするが、従業員の家庭との諸連絡、鉱員の採用時には身元調査もしていた。

事務手 労災保険、健康保険、賃金などの事務。

炭鉱用語集

【あ】

アーチ枠（あーちわく） レールを曲げて作った枠。長く使う坑道に使う。

合図（あいず） 捲揚などでは信号ベルを使っていた。竪坑では鐘をワイヤーで引いてチンチンと鳴らしていた。

上がり（あがり） 坑外に昇坑すること。

上がり酒（あがりざけ） 昇坑して飲む酒。

顎下（あごした） 枠足（→**【わ】**）の上部接続面の切りとった部分。

朝顔（あさがお） 夜間に用いられた坑口の照明灯。

足釜（あしがま） 枠釜（→**【わ】**）のこと。枠足を立てるための穴。

足半草鞋（あしなかわらじ） 後山が履くわらじ。

当たり（あたり） 枠と天井等の隙間に入れる木片。

亞炭（あたん） 質の悪い石炭。

後山（あとやま） 熟練工の助手、後向きともいう。

安全灯（あんぜんとう） キャップランプ。

行灯車（あんどんぐるま） 安導車、道中車、矢弦車、ロープ受車ともいう。坑内路線のレールの間に設置された直径一五センチ、幅三〇センチの輪。牽引用のワイヤーが地面をこすらないように一五メートル間隔で固定されており、この輪の上をすべっていく。

【い】

一番方（いちばんかた）　朝六時ごろからの八時間勤務のこと。
一本剣（いっぽんけん）　車道の分岐点で使用する短いレールのこと。
岩巻（いわまき）　壁巻。落盤しないよう坑木とボタを積み上げる。払いの中に井をつくってその中にボタを入れること。

【う】

浮く（うく）　天井や壁が崩落寸前のこと。
馬（うま）　たいと柱（↓【た】）を支え、チェーン受けローラーを取り付けたもの。
裏込め（うらごめ）　枠（↓【わ】）の外側に岩巻（↓【い】）を巻いたもの。

【え】

エアブロック　エアを用いて重い材料を吊り上げる機械。
営繕小屋（えいぜんごや）　大工や雑夫の詰める小屋。
営繕大工（えいぜんだいく）　納屋（社宅）や炭函（↓【た】）などを修繕する大工。
E（**エンド**）　払いの終端のこと。
エンドレス　環状のロープによる巻き卸し、複線で運搬する機械。エンドレス線。

【お】

追い込み（おいこみ）　透かし（↓【す】）て一方を切り崩すこと。
追い立て（おいたて）　掘り倒すこと。
大納屋（おおなや）　独身者用社宅。
大ハンドル（おおハンドル）　ポイント（↓【ほ】）。車道を切り替えて電車の方向を変えるハンドル。
オーガ　石炭に穴をあける機械。オーガノミ。
オーライ　坑内では停止の事。またその合図。
送り矢木（おくりやぎ）　レールを延ばして先受けしつつ掘進する道具。
押さえ水（おさえみず）　増水せぬように水を揚げる。
卸（おろし）　下り勾配の坑道。

【か】

回収（かいしゅう）　不要になった鉄柱（木柱）を撤去する作業。
塊炭（かいたん）　塊状の石炭。
回避所（かいひしょ）　坑道にある避難所。

改良鶴（かいりょうつる）　穂先だけ取り替えられるツルハシ。
外雑（がいざつ）　坑外雑役夫。
架組枠（かぐみわく）　坑道の分岐点に使う枠。
かしく枠（かしくわく）　鉄の枠。レールで作った本枠（→【ほ】）のこと。
鎹（かすがい）　坑木が動かないように固定する工具。
ガス　硬石、岩、松岩等石炭以外の悪石。ボタ。
硬かき（がすかき）　硬（ボタ）をかきよせる鍬のような道具。
ガスカンテラ　カーバイドを使用するカンテラ。
ガス検定灯（ガスけんていとう）　坑内でガスの有無を計る器具。
ガスマケ　坑内の水と粉炭やボタの粉でこすられて皮膚病になること。
加背（がせ）　坑道の大きさを示す言葉。幅と高さで表す。
肩（かた）　水平坑道のうち傾斜の高い方。
方（かた）　日（にち）。一方（ひとかた）は一日。
肩入金（かたいれきん）　新入坑夫に貸す準備金。坑夫の前借金。
片盤（かたばん）　採炭作業の切羽と本線をつなぐ水平坑道の部分。
ガックリ　小形断層のこと。
カッペ　坑内の採炭現場で天井からの岩の落下を防ぐ鉄の枠。
金矢（かなや）　石炭やボタを落とすのに使う先の尖った道具。
金受け（かねうけ）　給料のこと。金受け日。給料日。
曲片（かねかた）　捲きたてより続く水平坑道。
火夫（かふ）　ボイラーマン。
カミサシ　枠や柱の上部を締める楔。
カヤリモノ　石炭と一緒に落ちてくる天井のボタ。
カヤル　壁のボタまたは石炭が崩落すること。
かよい　通帳。
カライテボ　石炭運搬用の籠。
空木積み（からこづみ）　井型に組み立てた天井の崩落防止方法。
仮手当所（かりてあてしょ）　救急所。負傷者を仮に手当てする所。
関古鶴（かんこづる）　使うばかりで先が痩せ細ったツルハシ。
監督（かんとく）　現在の坑内係員、係長。
カンテラ　坑内で使用されていた手さげランプ。油は菜種油と石油を混合して用いた。
▽カンテラはオランダ語「KANDELAAR」。
雁爪（がんづめ）　後山（→【あ】）が石炭を掻き出すのに使う道具。

【き】

機械工場（きかいこうば）　仕上工、旋盤工、鍛冶工、機械工、雑夫などが働いていた坑外の工場。

汽缶場（きかんば）　ボイラーが据えてあるところ。釜場。

切組枠（きぐみわく）　五本または五本組合せのアーチ型の枠。

木積み（きづみ）　坑木類を横に積み重ね天井を支えること。

揮発油ランプ（きはつゆランプ）　明治後期の安全灯。

切り上げ（きりあげ）　天井を高くすること。

切り倒し（きりたおし）　炭層にボタを含んでいないこと。

切り込み（きりこみ）　坑内で掘ったままの石炭。

切り賃（きりちん）　採炭賃金。

切り付け（きりつけ）　切羽を四角に立て流しにしてあること。

切り詰め（きりつめ）　切羽の先端のこと。「つめ」ともいう。

切り天（きりてん）　断層ぎわについている岩。

切羽（きりは）　採炭作業現場。

切羽仕繰（きりはしくり）　新しい切羽を採炭できるように準備すること。

切羽貰い（きりはもらい）　切羽をもらうこと。

ぎる　坑内を走る炭車が脱線したときに、小さな坑木をてこにして線路上にもどすこと。

斤先（きんさき）　坑夫の賃金から納屋頭がピンハネした金のこと。

【く】

堀進夫（くっしんふ）　岩盤を掘って採炭切羽を作る職種。

繰粉出し（くりこだし）　穴の中の粉炭を出す道具。

繰込場（くりこみば）　社員（鉱員、坑夫）に仕事を割り当て指示する場所。

クリップ　エンドレスの鉱車と綱の連結具。

くろだいや新聞　「くろだいや新聞」は、三井石炭三池鉱業所の社内紙で、創刊は昭和二年六月二五日。当時は日刊新聞（大きさは日刊紙と同じ）として五万五〇〇〇部を発行しており、大牟田では最高の発行部数を誇っていた。商業紙と同じく一般市民も講読していた。

同新聞は後にタブロイド判になり昭和四〇年代は週刊であった。時代を経るにしたがって、旬刊、月刊となった。社内の事はもとより定年退職者のお知らせ欄から文芸欄までであった。ヤマの閉山とともに平成九年三月三〇日閉山特集号で終刊となった。

私は、昭和四一年五月二三日号に「史蹟めぐり」の連載を始めたのが同新聞に投稿した最初であった。一回目は〝宮崎滔天の生家〟であった。私の文章と写真が活字になったのを見たときの感慨は今日でも忘れない。私の文芸活動はくろだいや新聞からと言っても過言ではない。以来「史蹟めぐり」を二八回、「カメラ散歩」二九回、「三池炭坑旧坑めぐり」など定年退職するまで四季折々に投稿を続けて来た。

　三七年前連載していた頃のことが、彷彿と泛《うか》んでくる。

【け】

ケージ　竪坑の昇降用エレベーター。

ケーブル線（ケーブルせん）　送電線。

化粧枠（けしょうわく）　装飾用の枠のこと、坑口などに使われる。

ゲジ　松岩（↓**【ま】**）のこと、黒色のかたい岩。石炭以外の悪石。ボタ。

ゲッテン　石炭以外の悪石。ボタ。

尻函（けつばこ）　多数連結された炭函の後方のものをいう。後函ともいう。

ケツワル　無断でヤマから逃亡すること。

剣先（けんさき）　先の尖ったショベル。

原動機（げんどうき）　モーター、エンジン。

【こ】

坑外大工（こうがいだいく）　社宅等、坑外全般の大工。

坑外日役（こうがいひやく）　坑外雑役夫。

坑口（こうぐち）　坑内への入り口。

坑底（こうてい）　竪坑や斜坑の終点をいう。

坑長（こうちょう）　坑の長、鉱長。

坑木（こうぼく）　松の木を主とする坑内用材木。

坑木台車（こうぼくだいしゃ）　坑木を積む台車。

ゴースタン　後退すること。

小頭（こがしら）　責任者。

互組（ごくみ）　小さな坑木「成木（なるぎ）」を積み重ねて天井を支えること。

五尺坑木（ごしゃくこうぼく）　長さ五尺（約一五〇センチ）、直径二〇センチくらいの坑木。

コッタ　カッペ（↓**【か】**）についている楔のようなもの。

小天（こてん）　天井のボタ。

小納屋（こなや）　所帯持ち坑夫の小屋。

込み棒（こみぼう）　ダイナマイトを穴の中に押し込む棒。

強物（こわもの）　堅い断層のこと。

【さ】

採炭夫（さいたんふ）　石炭を掘る坑夫。

棹取り（さおどり）　運搬夫。昔、ハネツルベで石炭を引き揚げていたことに由来する。

棹取り小屋（さおどりこや）　運搬夫の休憩所。

下がり（さがり）　坑内に入坑すること。

先山（さきやま）　熟練した採炭夫。

差し込み枠（さしこみわく）　壁に穴をあけて差し込む枠。

差し函（さしばこ）　下げる函のこと。

差し梁（さしばり）　架組（→【か】）枠にもたせる梁木のこと。

差せ（させ）　坑底からベルをならして捲揚機で鉱車を卸に降ろす。

錆炭（さびたん）　坑内で長く汚れたままの石炭。

三番方（さんばんかた）　夜勤のこと。晩の方（ばんのかた）ともいう。

残炭函（ざんたんばこ）　前日より石炭が入って残っている炭函。

【し】

仕繰夫（しくりふ）　仕繰方ともいう。枠張り、柱打ち、壁巻などをする坑夫。

C・C・トラフ　ドラムカッターの機械の部分。

C・C・チェーン　ドラムカッターのチェーンの部分。

柴さし（しばさし）　検炭係。

柴はぐり（しばはぐり）　はじめて鍬入れをすること。開坑。

事務手（じむしゅ）　事務係。

車道金（しゃどうがね）　レールのこと。

謝礼夫（しゃれいふ）　臨時雇い。

地山（じやま）　まだ炭層を採掘していないところ。

シュート　貯炭槽のこと。

出勤督励（しゅっきんとくれい）　出勤を督励すること。主に採炭工、堀進工。

十字鎹（じゅうじかすがい）　炭壁がそり返らぬように枠足に取り付けるもの。

十二尺坑木（じゅうにしゃくこうぼく）　長さ十二尺、直径三十センチくらい。枠足用。

焦土（しょうど）　軟らかい硬石（頁岩）。

常一番（じょういちばん）　昼間だけの八時間勤務のこと。

諸式屋（しょしきや）　納屋制度時代にあった日用品・食料等の小売店。

しらせ　天盤が落ちる前にバラバラと小片が落ちてくる予兆のこと。

白ふり（しろふり）　盗掘予防のため保安炭壁に石灰汁を塗ること。

甚九郎（じんくろう）　レールバインダー。レールを曲げる道具。

人道卸（じんどうおろし）　人が通る下り勾配の坑道。

【す】

スイッチ座（スイッチざ）　電気施設のある所。

水筒（すいとう）　装塡用の込み物。水をビニール袋に入れた物。

掬い込む（すくいこむ）　切羽の入り口で石炭を直接炭函に積み込むこと。

透かし（すかし）　採炭する際下部を深く切り込むこと。

すき水（すきみず）　炭壁や岸盤などからの湧き水。

助柱（すけばしら）　一本立てる柱。
スパイキ　犬釘、車道釘。
笊（すら）　後山が炭を運ぶのに使うザル。
摺瀬（すらせ）　歯止めをするときの木。
摺瀬車（すらせしゃ）　坑道のカーブに設置したロープの受け立て車。

【せ】

背板（せいた）　くず板。
迫り前（せりまえ）　枠足の傾斜。
世話方（せわかた）　世話係とも言う。世話方制度の職務は、社宅居住者、外来居住者（自宅等）の従業員の万般の世話、会社への手続きなどをするが、同時に会社の労務管理の末端機構として明治、大正、昭和と重要な役割りを果して来た。三池炭鉱ではこの制度を労働組合の要求で昭和二九年五月に廃止、受付連絡係、社宅庶務係と変更した。
旋条機（せんじょうき）　複線式のロープ回転機。
せんぞく　せん釘とも言う。ツルハシの柄に打ち込む楔のこと。

【そ】

送水管（そうすいかん）　散水管。
送風管（そうふうかん）　エアー管。
ソゲ岩（そげいわ）　天井の一部に割れ目があって浮いている岩。
雑用（ぞうよう）　生活費のこと。

【た】

たいと柱（たいとはしら）　坑内で坑道を支える垂直の柱のうち採炭現場に最も近い側にある柱。終端柱ともいう。
大砲（たいほう）　炭函逸走防止の坑木。
たかばれ　高く落盤すること。
竹簀（たけす）　竹を針金で編んだもの。炭壁が崩れないようこの竹簀を立てる。
竹輪木積（たけわこずみ）　落盤防止の一種。
だご　装填用の込み物。
襷（たすき）　車道の分岐点で使用する短いレール。
立ち担い（たちにない）　立ったまま石炭を担うこと。
盾入れ（たていれ）　傾斜炭層を突き抜ける岩盤水平坑道。
立て釜（たてがま）　立型ボイラー。
立て目（たてめ）　石炭にも岩にも立て目、横目、斜めの目がある。この目にはガスが溜っているので危険。ダイナマイトの穴は掘らない。
狸柱（たぬきはしら）　坑道を支える垂直の柱のなかで木の根本側が誤って天井側に設置された柱のこと。支えが弱いので危険。
達磨（だるま）　炭函をひっくり返す機械。チップラーともいう。

炭函（たんがん）　石炭を運搬する鉄製の車。炭車。

段汲み（だんくみ）　坑内の湧水を一段一段上に汲み上げていくこと。

タンコタレ　炭鉱マンの蔑称。タンコンモン。タンコ太郎。

炭塵（たんじん）　石炭の粉。爆発性があり危険。

丹丁切羽（たんちょうきりは）　碁盤の目のように炭柱を残していく切羽。

【ち】

チップラー　炭函をひっくり返す機械。達磨。旧四山鉱では圧縮空気で運転していた。

チャカス　ピカピカ光る薄いボタ。

中塊（ちゅうかい）　子供のにぎりこぶし大の石炭の塊。大きいのを塊炭（直径一〇センチ以上）、小さいのを小塊（直径五センチ以下）という。

中納屋（ちゅうなや）　大納屋、小納屋の中間の納屋。

直轄（ちょっかつ）　会社直轄の坑夫。

縮緬（ちりめん）　目のない硬い石炭。

【つ】

突鑿（つきのみ）　マイトの穴を穿つ場合、両手で突きながら穿つ鑿。

つきもん　天井の落ちそうについている岩。

付日役（つけびやく）　規定賃金以外につける賃金。

繋ぎ（つなぎ）　坑内の枠が倒れないように枠と枠をつないだ細い木。

壺下（つぼした）　斜坑の底部分。

詰所（つめしょ）　係員が事務をとる所。坑内詰所。

面採り（つらとり）　平面に切羽を採ること。

釣り石（つりいし）　切羽の上部に浮き出た石炭。

釣り岩（つりいわ）　切羽の上部に浮き出た岩。

吊り天（つりてん）　払いの後の天井が落ちないでいること。

鶴嘴鍛冶場（つるはしかじば）　ツルハシの先を焼き直す鍛冶場。

連延（つれのべ）　本線坑道と隣接の平行坑道。

【て】

テールロープ　エスカレーターのこと。

鉄柱（てっちゅう）　鋼鉄製の柱で、坑内の天盤を支えるもの。

鉄砲撃つ（てっぽううつ）　ダイナマイトだけが爆発して、岩がくだけないこと。

天井（てんじょう）　坑内で頭より高い場所のこと。

天井鳴り（てんじょうなり）　層がはなれて一斉に荷圧がかかること。非常に危険。

電気タービン（でんきタービン）　排水用機械。

【と】

灯具室（とうぐしつ）　灯具を整備する室。安全灯室。

頭領（とうりょう）　納屋の頭領（親方）。

道具なぐれ（どうぐなぐれ）　ツルハシなど道具がこわれて仕事が出来ないこと。

胴割り（どうわり）　坑内炭車が走るレールの下の枕木のこと。スリッパともいう。長胴割りは長い枕木のこと。

特務手（とくむしゅ）　事務と雑役をする係。

特免区域（とくめんくいき）　可燃性ガス、爆発性炭塵について、保安上心配ないと認められ、保安規則の一部の適用除外を許可された区域。

どまぐれ　鉱車が脱線すること。どましたともいう。

どまぐれ函（どまぐればこ）　脱線した炭函のこと。

取り締まり（とりしまり）　ヤマの労務係。人事係。

ドラムカッター　石炭を採掘する機械。

ドリフター　大型鑿岩機。

トロリ線（トロリせん）　電車の架線。

トンボ柱（トンボはしら）　トンボの形をした柱。一本柱。

トンボ枠（トンボわく）　トンボの形をした枠。

【な】

長柄ツル（ながえツル）　天井点検用の長い柄のツルハシ。

長鎹（ながかすがい）　枠足を立てるのに使う棒。

ながする　重量物などを前方におく。

長屋（ながや）　後の社宅のこと。

なぐれる　何かの故障で仕事ができないこと。金にならなかった。

七尺坑木（ななしゃくこうぼく）　長さ七尺（約二一〇センチ）、直径一五センチ。

納屋（なや）　後の社宅のこと。

納屋学校（なやがっこう）　昔の社宅内の小学校。

納屋制度（なやせいど）　下請け制度。

納屋んもん（なやんもん）　社宅の者。

成木（なるぎ）　枠連継に用いる細い木、矢木ともいう。

【に】

荷（に）　天井の重圧のこと。重圧がかかることを荷が来たという。落盤することがある。非常に危険。

二号炭（にごうたん）　ボタを含んだ石炭。

二番方（にばんかた）　午後二時ごろからの八時間勤務のこと。

【ぬ】

抜き柱（ぬきばしら）　鉄柱を回収すること。

【ね】

ネコ　ジャックハンマー。ジャンボー。岩盤掘進の機械。

螺子ピン（ねじピン）　連結チェーンをねじって繋ぐピン。
鼠巻き（ねずみまき）　自動巻機。

【の】

延（のべ）　堀進箇所の呼称で切羽の詰めのこと。坑道の一番奥のこと。
昇り（のぼり）　上がり勾配の坑道。
鑿（のみ）　ダイナマイトの穴くり用に使う。
乗り廻し（のりまわし）　終日電車に乗る運搬工。

【は】

バール　車道釘を抜く道具。
売勘場（ばいかんば）　昔のヤマの売店のこと。売物店とも言った。
排気卸（はいきおろし）　斜面を下っていく排気道。
排気道（はいきどう）　風道ともいう。
端板（ばいた）　くず板。
函（はこ）　炭車のこと。炭函。
函かすり（はこかすり）　炭函の石炭をかすり落とす仕事。
函が走る（はこがはしる）　炭車が逸走すること。
函繰り（はこぐり）　配車係。
函止め（はこどめ）　炭車が逸走しないようにするための防止装置。大砲式、かんぬき式、ヒンコツ、スラセ、ボルト、馬ともいう。
函なぐれ（はこなぐれ）　炭函が来ず仕事ができないこと。
はさみ　炭層中に挟まれている薄い砂岩。
走り込み（はしりこみ）　坑口の急傾斜の場所。
バック　ポンプを据え付けるための穴。
バッテラ　横ショウケ。石炭を炭函に入れるときに使う道具。
払い（はらい）　採炭現場。切羽。
ばれる　天井が落盤すること。
盤（ばん）　足元の地盤。
盤石（ばんいし）　切羽下の石炭のこと。
盤返り（ばんがやり）　坑道の傾斜のこと。
盤尻（ばんじり）　順番の最後。
ハンドルポンプ　人力で動かす鉄製ポンプ。
盤膨れ（ばんぶくれ）　天盤、地盤、側壁等が地圧のため押し出して来ること。
ハンマー　岩に穴をあける道具。

【ひ】

引切りこし（ひきりこし）　坑木の切り端。
灯皿（ひざら）　灯具。油に灯芯をいれて灯をともす皿。
非常（ひじょう）　大変な事。大災害。
ＢＣ（ベルトコンベア）　石炭を流す機械。
ＰＣ（パンツァーコンベア）　石炭を流す機械。
ヒッジ　天井より落ちる水。坑内雨のこと。
ビッド　のみ先を取り付ける道具。

ピック 岩や松岩を割る道具。
人繰り（ひとくり） 納屋頭の配下。責任者。
一先（ひとさき） 先山（→【さ】）。
火番（ひばん） 坑内で灯具の手入れをする係。
微粉（びふん） 木灰のような石炭。
火ぼて（ひぼて） カンテラや灯皿の灯が消え作業が出来ず早上がりすること。火なぐれ。

【ふ】

鞴（ふいご） 水を汲み上げる道具。
深（ふけ） 水平坑道の傾斜の低いこと。
フダ差し（フダさし） 検炭係。石炭の量を計る係。
粉炭（ふんたん） 粉のような石炭。

【へ】

H（ヘッド） 払いの入気側。

【ほ】

ホイスト 原動機。減速装置を内蔵した小型捲揚機。
ポイント 本線の分岐車道。手動式と自動式がある。
放逐（ほうちく） 解雇、追放。
棒心（ぼうしん） 先山（→【さ】）のこと。または一つの作業場の中での長。ボースン。
ホーベル 石炭を切削する採炭機械。
ホーリング 捲卸し運搬坑道の捲揚機。
ボート 炭函の車輪に細木を差し込んでブレーキをかける。
僕（ぼく） 水槽。
ほげ えぶショウケのこと。竹製と鉄製がある、石炭、ボタをすくうのに使う。
ホゲル 貫通すること。
ホダ 石炭のこと。
ボタ 硬石、岩、松岩等石炭以外の悪石、ガス、ゲジ、ゲッテン。
ボタカブル 落盤により負傷すること。何か失敗したときにも言う。
硬小積み（ぼたこずみ） 外側に大ボタを積み上げ、中に小ボタを充填して天井崩落を防ぐ。
本延（ほんのべ） 本線坑道。
本枠（ほんわく） 梁一本と足二本で立てられた枠。三つ枠ともいう。
ポンプ方（ポンプかた） ポンプの運転手や捲方のこと。

【ま】

賄い（まかない） 炊事。
捲卸（まきおろし） 炭函を捲揚機で巻き上げる坑道。
捲立て（まきたて） 水平坑道の入り口。
捲場（まきば） 捲揚機を運転する場所。
捲函（まきばこ） 巻きあげる函。

捲け（まけ）　捲揚機で鉱車を巻き上げること。
柾目（まさめ）　堅い石炭面のこと。
又降ろし（またおろし）　本線から左右に分かれた支線坑道。
松岩（まついわ）　炭層中の硬い岩。
間部（まぶ）　炭鉱、坑口の意。
間枠（まわく）　本枠と本枠の間に天井補強のために入れる枠。

【み】

水台車（みずだいしゃ）　飲料水を運搬する台車。
水なぐれ（みずなぐれ）　ポンプ故障や不時出水で仕事ができないこと。
水番（みずばん）　給水係。
みせしめ　納屋頭が実行するリンチ。

【む】

迎函（むかえばこ）　コース元につけておく硬函。

【め】

メタンガス　石炭層から湧き出る可燃性ガス。
目抜き（めぬき）　目貫とも言う。坑道と坑道を連絡する短い坑道。

【も】

もぐら　坑内もぐら。炭鉱マンの蔑称。
門（もん）　通気用の門。通気門。

【や】

役所（やくどころ）　堀進箇所の仕繰箇所。作業現場。
役人（やくにん）　職員のこと。官営時代に職員を役人と言っていた。
矢弦車（やげんぐるま）　坑外捲揚機の前やエンドレスの終点などにある大型の車。
ヤマ　炭鉱のこと。

【よ】

ヨキ　柄の短い斧。手斧。
浴場（よくじょう）　ふろば。職員浴場と鉱員浴場がある。
除け（よけ）　疎水溝のこと。
除け切り（よけきり）　坑内疎水溝をつくること。

【ら】

ランプ鑿（ランプのみ）　昔は、ダイナマイトの代わりに普通の火薬を使っていた。ハンマーでノミを叩きながら穴を掘っていた。そのノミのこと。

【り】

立柱（りっちゅう）　鉄柱を立てること。

【れ】

連勤（れんきん）　八時間勤務した後、また八時間続けて勤務すること。

【ろ】

ロッド　ノミ先を取りつける道具。

露頭炭（ろとうたん）　炭層が地表に現れているところ。

ロング枠（ロングわく）　枠足（→【わ】）を垂直に立てて梁をのせた枠。坑木を使う。

【わ】

枠（わく）　坑道の天井と側壁を支えるために設置された垂直の柱と天井の梁。

枠足（わくあし）　枠の根もと。

枠釜（わくがま）　枠が動かないように安定させるために岩壁に深い溝をつくり、ここへ坑木を設置する。この深い溝のこと。

枠下駄（わくげた）　金張り（三つ組枠）と石炭の間に枠が下がらないように下駄をはかせる。

おわりに

何十年か先には大牟田市・高田町・荒尾市に三池炭鉱があったことは歴史の本でしか知ることはできないでしょう。また石炭とはどんな物か知っている人は少なくなるでしょう。炭鉱の坑内でどうやって石炭を掘っていたか、支柱はどうして立てていたか、採炭現場や掘進現場はどんなところであったか、選炭場とはどんな仕事をしていたか、炭鉱の社宅はどんな建物であったか、それらがわかるように、なるべく多くの炭鉱の資料等を残しておくべきだと考えます。

また、三池炭鉱の栄枯盛衰と劣悪な労働条件の真暗な坑内で働いていた多くの炭鉱マンたちの記録を後世に残しておかなければならないと思います。貯炭場の跡に立つと、かすかに尾をひく挽歌が聞こえてくる気がします。痛ましくも哀しい石炭との別離、といった感懐を禁ずることができません。炭塵を浴びて働いていた逞しいヤマの男たちの姿がありました。

平成九年（一九九七）四月に『わが三池炭鉱　写真記録帖』を刊行しましたが、三池炭鉱の五〇〇年間の歴史を残すにはどうしてももう一冊残さなくてはと思っていました。弦書房にお願いして刊行することになりました。刊行するにあたり、資料収集等多数の方々のご協力により完成したもので、多くの資料を一冊の本に取りまとめることができました。炭鉱資料として今後皆様方のご参考になれば幸いに思います。

浅学非才の上不馴れな仕事であり、いろいろ不備な点もあると思いますが、何卒ご寛容の程お願い致します。

今までご指導いただいた弦書房の三原浩良氏、小野静男氏に厚くお礼申し上げます。

平成一五年（二〇〇三）一月

高木　尚雄

〔引用文献〕

『荒尾市話』（第四巻）麦田静雄（四頁、三二頁～三四頁、五八頁。昭和五八年刊）
『大牟田産業経済の沿革と現況』大牟田市（昭和三一年刊）

〔参考文献〕

『男たちの世紀――三井鉱山の百年』三井鉱山株式会社総務部編（平成二年刊）
『資料　三池争議』三井鉱山株式会社、日経連（昭和三八年刊）
『三池のあしあと――一九六〇年』三池炭鉱職員労働組合・三池炭鉱新労働組合（昭和三五年刊）
『風雪（三十年史）』三池炭鉱新労働組合（平成二年刊）
『大牟田市史』大牟田市（昭和四〇年刊）
『三井百年』星野靖之助、鹿島出版会（昭和四三年刊）
『三井』ジョン・G・ロバーツ、ダイヤモンド社（昭和五一年刊）
『三井三池炭鉱財閥史』野瀬義雄（平成五年刊）
『石炭――昨日　今日　明日』水沢周、築地書館（一九八〇年刊）
『石炭業界』矢田俊文、教育社新書（一九七七年刊）
「三池炭鉱　囚人労働の話」小崎文人、有明新報社（昭和五一年一一月八日記事）
『鉱業労働と親方制度―「日本労働関係論」鉱業編―』大山敷太郎、有斐閣（昭和三九年刊）
『みいけ二十年』三池炭鉱労働組合編、労働旬報社（一九六七年刊）
『北方領土と三池藩』岡本種一郎、時事新書（昭和四六年刊）
『三井鑛山五十年史稿』三井鉱山株式会社
『社内時報』三井石炭鉱業株式会社、社内紙
『三池時報』三井三池鉱業所、社内紙
『くろだいや新聞』三井三池鉱業所、社内紙
『みかわ』三川鉱、社内紙
『はっぱ』三池炭鉱職員労働組合、機関紙
『三池新労』三池炭鉱新労働組合、機関紙
『みいけ』三池炭鉱労働組合、機関紙

「今後の石炭政策の在り方について」石炭鉱業審議会（昭和五六年八月）
「運動方針　職場討議資料」三池炭鉱新労働組合（昭和五七年八月）

高木尚雄（たかき・ひさお）
大正12年　熊本県荒尾市生まれ。
昭和21年２月　中国上海より引揚げ。
昭和21年４月　三井鉱山三池鉱業所入社。
四山鉱坑内機械工として働く。
昭和25年３月　四山鉱人事係勤務となる。
昭和33年ごろから平成13年まで三池炭鉱を撮影する。
昭和58年８月　停年退職。
著書に『わが三池炭鉱——写真記録帖』などがある。

地底《じぞこ》の声《こえ》——三池炭鉱写真誌《みいけたんこうしゃしんし》

二〇〇三年　五　月三〇日第一刷発行
二〇〇六年一一月一五日第三刷発行

著　者　高木尚雄《たかきひさお》
発行者　三原浩良
発行所　弦　書　房
（〒810・0041）
福岡市中央区大名二－二－四三
ＥＬＫ大名ビル三〇一
電　話　〇九二・七二六・九八八五
ＦＡＸ　〇九二・七二六・九八八六

印刷　アロー印刷株式会社
製本　伊美製本有限会社

ISBN4-902116-08-1　C0036